Forschungsberichte

Band 108

**Berichte aus dem
Institut für Werkzeugmaschinen
und Betriebswissenschaften
der Technischen Universität
München**

Herausgeber:
Prof. Dr.-Ing. G. Reinhart
Prof. Dr.-Ing. J. Milberg

Springer-Verlag Berlin Heidelberg GmbH

Ulrich Krönert

Systematik für die rechnergestützte Ähnlichteilsuche und Standardisierung

Mit 53 Abbildungen

Springer

Dr.-Ing. Ulrich Krönert
Institut für Werkzeugmaschinen und Betriebswissenschaften (iwb), München

Univ.-Prof. Dr.-Ing. G. Reinhart
o. Professor an der Technischen Universität München
Institut für Werkzeugmaschinen und Betriebswissenschaften (iwb), München

Univ.-Prof. Dr.-Ing. J. Milberg
o. Professor an der Technischen Universität München
Institut für Werkzeugmaschinen und Betriebswissenschaften (iwb), München

D91

ISBN 978-3-540-63338-9   ISBN 978-3-662-10191-9 (eBook)
DOI 10.1007/978-3-662-10191-9

Gesamtherstellung: Hieronymus Buchreproduktions GmbH, München.

SPIN: 10636764   62/3020-543210

Geleitwort der Herausgeber

Die Produktionstechnik ist für die Weiterentwicklung unserer Industriegesellschaft von zentraler Bedeutung. Denn die Leistungsfähigkeit eines Industriebetriebes hängt entscheidend von den eingesetzten Produktionsmitteln, den angewandten Produktionsverfahren und der eingeführten Produktionsorganisation ab. Erst das optimale Zusammenspiel von Mensch, Organisation und Technik erlaubt es, alle Potentiale für den Unternehmenserfolg auszuschöpfen.

Um in dem Spannungsfeld Komplexität, Kosten, Zeit und Qualität bestehen zu können, müssen Produktionsstrukturen ständig neu überdacht und weiterentwickelt werden. Dabei ist es notwendig, die Komplexität von Produkten, Produktionsabläufen und -systemen einerseits zu verringern und andererseits besser zu beherrschen.

Ziel der Forschungsarbeiten des *iwb* ist die ständige Verbesserung von Produktentwicklungs- und Planungssystemen, von Herstellverfahren und Produktionsanlagen. Betriebsorganisation, Produktions- und Arbeitsstrukturen sowie Systeme zur Auftragsabwicklung werden unter besonderer Berücksichtigung mitarbeiterorientierter Anforderungen entwickelt. Die dabei notwendige Steigerung des Automatisierungsgrades darf jedoch nicht zu einer Verfestigung arbeits- teiliger Strukturen führen. Fragen der optimalen Einbindung des Menschen in den Produktentstehungsprozeß spielen deshalb eine sehr wichtige Rolle.

Die im Rahmen dieser Buchreihe erscheinenden Bände stammen thematisch aus den Forschungsbereichen des *iwb*. Diese reichen von der Produktentwicklung über die Planung von Produktionssystemen hin zu den Bereichen Fertigung und Montage. Steuerung und Betrieb von Produktionssystemen, Qualitätssicherung, Verfügbarkeit und Autonomie sind Querschnittsthemen hierfür. In den *iwb*-Forschungsberichten werden neue Ergebnisse und Erkenntnisse aus der praxisnahen Forschung des *iwb* veröffentlicht. Diese Buchreihe soll dazu beitragen, den Wissenstransfer zwischen dem Hochschulbereich und dem Anwender in der Praxis zu verbessern.

Joachim Milberg   *Gunther Reinhart*

Vorwort

Die vorliegende Dissertation entstand während meiner Tätigkeit als wissenschaftlicher Mitarbeiter am Institut für Werkzeugmaschinen und Betriebswissenschaften (*iwb*) der Technischen Universität München.

Herrn Prof. Dr.-Ing. Dr. h.c. Joachim Milberg und Herrn Prof. Dr.-Ing. Gunther Reinhart, den Leitern dieses Instituts, gilt mein besonderer Dank für die wohlwollende Förderung und großzügige Unterstützung meiner Arbeit.

Bei Herrn Prof. Dr.-Ing. U. Lindemann, dem Leiter des Lehrstuhls für Konstruktion im Maschinenbau der Technischen Universität München, möchte ich mich für die Übernahme des Korreferates und die aufmerksame Durchsicht meiner Arbeit sehr herzlich bedanken.

Darüberhinaus bedanke ich mich bei allen Mitarbeiterinnen und Mitarbeitern des Instituts sowie allen Studenten, die mich bei der Erstellung meiner Arbeit unterstützt haben, recht herzlich.

Mein besonderer Dank gilt schließlich meiner Frau. Ihr beruflicher Fleiß und Einsatz waren mir Vorbild bei der Erstellung dieser Arbeit.

München, im Mai 1997   *Ulrich Krönert*

Inhaltsverzeichnis

1   Einleitung und Zielsetzung 1

   1.1   Ausgangssituation 1

   1.2   Mangelnde Transparenz produktbezogener Informationen 2

   1.3   Zielsetzung der Arbeit 4

   1.4   Vorgehen 5

2   Begriffsbestimmung 7

   2.1   Methoden der Lösungsfindung 7

   2.2   Was ist Ähnlichkeit? 9

3   Methoden und Werkzeuge für die Ähnlichteilsuche und

   Standardisierung 12

   3.1   Übersicht 12

   3.2   Klassifizierung (Schlüsselung, Nummerung) 14

      3.2.1   Übersicht 14

      3.2.2   Verfahren 15

      3.2.3   Anwendung 17

      3.2.4   Bewertung 19

   3.3   Sachmerkmale 22

      3.3.1   Einführung 22

      3.3.2   Verfahren 23

      3.3.3   Anwendung 24

      3.3.4   Bewertung 26

   3.4   Deskriptoren 27

      3.4.1   Einführung 27

      3.4.2   Verfahren 28

      3.4.3   Anwendung 28

      3.4.4   Bewertung 29

3.5 Numerische Verfahren am Beispiel der Clusteranalyse...................... 30

   3.5.1 Einleitung.. 30

   3.5.2 Verfahren 31

   3.5.3 Anwendung 32

   3.5.4 Bewertung 33

3.6 Defizite der dargestellten Ansätze... 35

3.7 Ableitung des Handlungsbedarfs.. 37

4 Anforderungen an ein System zur Ähnlichlösungssuche und

Standardisierung.. **39**

4.1 Einführung... 39

4.2 Anforderungen an die funktionalen Eigenschaften des Systems 40

4.3 Anforderungen an die Wirtschaftlichkeit des Systems 41

4.4 Anforderungen an die systemtechnische und ablauforganisatorische
Einbindung des Systems... 42

4.5 Anforderungen an die Benutzerschnittstelle 42

4.6 Zusammenfassung der Anforderungen 43

5 Grobkonzeption... **44**

5.1 Einführung und Abgrenzung des Einsatzbereichs................................. 44

5.2 Einsatz im betrieblichen Umfeld... 45

   5.2.1 Die Ähnlichteilsuche in der Prozeßkette................................. 45

   5.2.2 Ergebnis- und aufgabenstellungsbezogene Beschreibung........ 48

5.3 Objektbeschreibungssystematik 50

5.4 Struktur des Systems 54

   5.4.1 Übersicht.. 54

   5.4.2 Objekterfassungskomponente 55

   5.4.3 Komponente zur Suche und Ergebniskontrolle 56

   5.4.4 Konfigurator... 57

   5.4.5 Modul zur Auswertung von Ähnlichkeitsbeziehungen............. 57

5.5 Systemtechnische Integration in das betriebliche Umfeld 61

6   Detailkonzeption des Systems **64**

6.1   Objektbeschreibung 64

    6.1.1   Einleitung 64

    6.1.2   Erste Detaillierungsebene - Klassifizierung 64

    6.1.3   Zweite Detaillierungsebene - Sachmerkmale 66

    6.1.4   Dritte Detaillierungsebene - Deskriptoren 68

    6.1.5   Richtlinien für die Gestaltung der Objektbeschreibung 69

6.2   Konfigurator 70

    6.2.1   Einleitung 70

    6.2.2   Verwaltung der Klassenhierarchie 71

    6.2.3   Verwaltung der Sachmerkmale und ihrer zulässigen
           Merkmalausprägungen 73

    6.2.4   Verwaltung zulässiger Deskriptoren 74

    6.2.5   Aufbau der Objektdatenbank 76

6.3   Eingabemodul 77

6.4   Modul zur Suche und Ergebniskontrolle 80

    6.4.1   Grundprinzipien des Suchens 80

    6.4.2   Anforderungen an das Modul zur Suche und
           Ergebniskontrolle 82

    6.4.3   Entwurf der Systemkomponente 83

    6.4.4   Implementierung der Suchfunktion 88

           6.4.4.1 Suche nach Sachmerkmalen 90

           6.4.4.2 Suche nach Deskriptoren 91

6.5   Modul zur Auswertung von Ähnlichkeitsbeziehungen 93

    6.5.1   Abbildung der Ähnlichkeitsbeziehungen 94

    6.5.2   Auswertung der Ähnlichkeitsbeziehungen 96

           6.5.2.1 Gezielte Analyse 97

           6.5.2.2 Allgemeine Analyse 99

7   Anwendungsbeispiel 101

  7.1   Ausgangssituation 101

  7.2   Zielsetzung 103

  7.3   Vorgehen 103

    7.3.1   Übersicht 103

    7.3.2   Realisierung des Systems 104

    7.3.3   Entwicklung der anwendungsspezifischen
            Objektbeschreibung 105

    7.3.4   Praxistest 107

  7.4   Bewertung des Systems 110

8   Wirtschaftliche Betrachtung des Systemeinsatzes 113

  8.1   Einleitung 113

  8.2   Nutzen 113

  8.3   Aufwand 114

9   Zusammenfassung und Ausblick 116

  9.1   Zusammenfassung 116

  9.2   Ausblick 117

10 Literaturverzeichnis 121

1 Einleitung und Zielsetzung

1.1 Ausgangssituation

Die Wettbewerbssituation traditioneller Maschinenbauunternehmen hat sich in den vergangenen Jahren durch die zunehmende Öffnung der Märkte drastisch verändert. Neue Wettbewerber haben den Konkurrenzkampf verschärft, neue Abnehmer fordern Veränderungen des Produktspektrums, neue Zulieferer ermöglichen eine Revision der "Make-Or-Buy-Entscheidung" (Bild 1-1).

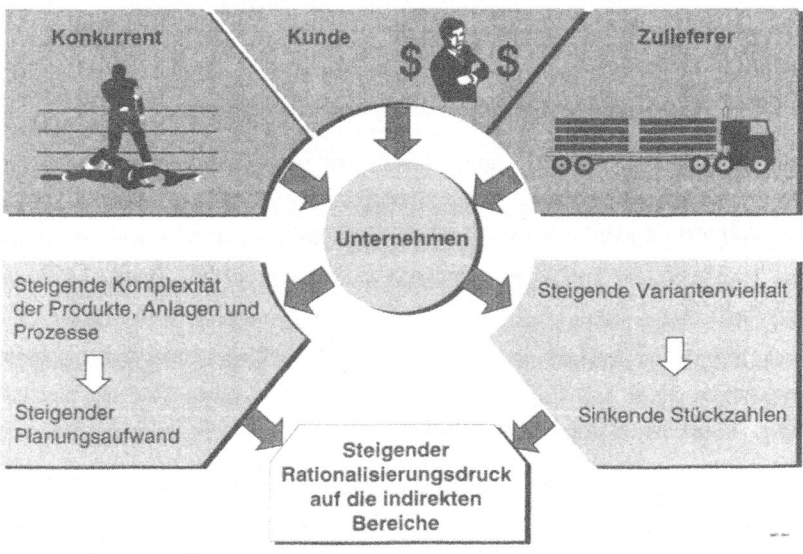

Bild 1-1: Veränderungen der marktwirtschaftlichen Randbedingungen

Der verschärfte Wettbewerb zwingt unter anderem zu einer zunehmenden Differenzierung (SCHEER 1990, S. 11) des Produktspektrums und einer weitreichenden Anpassung an Kundenwünsche (LAMEI-MOUSTAFA 1989, S. 85; CLARK & FUJIMOTO 1991, S. 1-6). Durch zusätzliche Funktionalität der Produkte sollen arbeitete Methodenbaukästen vor, sondern sind Bestandteil des Wissensschatzes erfahrener Mitarbeiter. Bei der Produktentwicklung fließen diese Erfahrungen vielfach unbewußt, z.B. als Intuition, in "neue" Produkte ein, die dadurch letztendlich nur sehr begrenzt innovativ sind. Bei dieser Vorgehensweise wird das Rad unwissentlich permanent neu entdeckt und die Kreativität der Mitarbeiter in hohem Maß für die Reproduktion bereits bekannter Lösungen verschwendet.

Um die Wettbewerbsfähigkeit produzierender Unternehmen vor dem Hintergrund der zunehmenden Variantenvielfalt bei gleichzeitig sinkenden Stückzahlen zu erhalten, muß es Ziel sein, die Abläufe bei der Produktentwicklung zu optimieren. Durch die klare Trennung der Entwicklungs- und Planungstätigkeit in die bewußte Wiederverwendung vorhandener Lösungen und die Erarbeitung tatsächlich neuer Konzepte können die Mitarbeiter ihre Kreativität zielgerichteter auf die Entwicklung neuer Ansätze konzentrieren und diese mit weniger Aufwand um bewährte, vorhandene Lösungsbausteine ergänzen.

Eine wesentliche Voraussetzung hierfür ist die Möglichkeit, direkt auf vorhandene Lösungen zuzugreifen bzw. Standards bei den Produkten, den Produktionsprozessen und den Produktionsmitteln zu etablieren. Hierfür ist eine entsprechende Transparenz bezüglich vorhandener produktbezogener Lösungen erforderlich.

1.3   Zielsetzung der Arbeit

Ziel der vorliegenden Arbeit ist die Konzeption und Entwicklung eines rechnergestützten Werkzeugs zur optimalen Unterstützung der planenden Unternehmensbereiche bezüglich der Ähnlichteilsuche. In dem zu konzipierenden Informationssystem sollen darüber hinaus Funktionen implementiert werden, mit deren Hilfe wesentliche Ansatzpunkte für Standardisierungen rechnerunterstützt herausgearbeitet werden können. Das Werkzeug soll somit der Transparenzsteigerung dienen. Besondere Berücksichtigung sollen bei der Konzeption vor allem komplexe Produkte und die Verarbeitung der ihnen zugeordneten Informationen finden.

Durch die Unterstützung dieser Funktionen sollen vorhandene Rationalisierungs-potentiale erschlossen und die Abläufe in den informationsverarbeitenden Unternehmensbereichen im Fertigungsvorfeld optimiert werden.

1.4 Vorgehen

Zentraler Aspekt einer leistungsfähigen Ähnlichteilsuche ist eine detaillierte und flexible Beschreibung der zu suchenden Objekte. Für diese Aufgabe existieren eine Reihe grundlegender Verfahren, wie beispielsweise die Verschlüsselung bei der Klassifizierung oder die Objektbeschreibung über Sachmerkmale. Nach einer Klärung der für diese Arbeit wesentlichen Begriffe in Kapitel 2 werden in Kapitel 3 die grundlegenden Verfahren zur Objektbeschreibung vorgestellt und einer exakten Analyse unterzogen. In diesem Zusammenhang werden die Stärken und Schwächen der einzelnen Methoden untersucht und die auf ihnen aufbauenden Anwendungen und Forschungsarbeiten kurz vorgestellt. Die Defizite dieser Verfahren werden anschließend zusammenfassend betrachtet und hieraus der Handlungsbedarf für diese Arbeit abgeleitet.

Die Anforderungen, die ein System zur Ähnlichteilsuche und zur Unterstützung von Standardisierungsvorhaben erfüllen muß, werden in Kapitel 4 zusammengestellt.

In Kapitel 5 erfolgt die Ausarbeitung des Grobkonzepts. Zunächst wird eine neue Objektbeschreibungssystematik aus einer Kombination bekannter Verfahren entwickelt. Aufbauend auf dieser Systematik werden die entsprechenden Programmmodule zur Systemverwaltung und Ähnlichteilsuche konzipiert. Die Standardisierung kann als logische Weiterentwicklung einer konsequenten Ähnlichteilsuche verstanden werden (WIEHNDAHL 1978; HEIDRICH 1990, S.22-28). Wird bei der Ähnlichteilsuche noch nach eher zufällig vorhandenen ähnlichen Lösungen gesucht, so wird bei der Standardisierung aufbauend auf dem Wissen, daß für einen Aufgabenbereich eine Reihe vergleichbarer Lösungen existieren, eine Zusammenfassung dieser Varianten in einer Standardlösung erreicht. Basierend auf dem Werkzeug zur Ähnlichteilsuche, wird eine Methode vorgestellt, die für Standardisierungsvorhaben eine ausreichende Transparenz schafft.

In Kapitel 6 wird das im fünften Kapitel vorgestellte Konzept für einzelne Systembausteine detailliert und vertieft. Auf der Basis dieses Detailkonzepts wird dann in Kapitel 7 die Realisierung des Systems vorgestellt.

In Kapitel 8 erfolgt eine Betrachtung des Systemeinsatzes unter wirtschaftlichen Gesichtspunkten, bei der der Nutzen und der Aufwand einander vergleichend gegenübergestellt werden.

Die Zusammenfassung der wesentlichen Ergebnisse und ein Ausblick auf die mögliche Zukunft derartiger Informationssysteme erfolgt in Kapitel 9.

2 Begriffsbestimmung

2.1 Methoden der Lösungsfindung

Wie bereits in Kapitel 1.2 kurz angeschnitten, werden nur selten Lösungen von Grund auf neu generiert. In der Regel wird entweder implizit oder explizit auf der Basis vorhandener Lösungen eine neue geschaffen. In der Konstruktionsmethodik wurde dieses Vorgehen wissenschaftlich untersucht. PAHL & BEITZ (1986, S. 5-44), BERNHARDT (1981, S. 11) und ELMARAGHY (1993, S. 739-751) unterscheiden drei Konstruktionsarten:

Bei einer **Neukonstruktion** wird ein neues Lösungsprinzip erarbeitet. Bekannte Lösungen gehen lediglich intuitiv in Form von Erfahrungswissen in die Problemlösung ein.

Die **Ähnlichteil-** oder **Anpassungskonstruktion** stellt eine Art Mischform dar. Sie verwendet auf der einen Seite die Variation einer bekannten Lösung für eine neue Aufgabenstellung. Andererseits werden einzelne Elemente der Konstruktion neu erstellt.

Die **Variantenkonstruktion** nutzt ausschließlich eine oder mehrere bekannte, u. U. standardisierte Lösungen für eine neue Aufgabenstellung. Die Anpassung dieser Lösungen an die veränderte Aufgabenstellung erfolgt durch die Variation bestimmender Größen, wie beispielsweise bestimmter Abmessungen. Bei dieser Konstruktionsart unterbleibt eine Neuentwicklung von Lösungsprinzipien.

Diese Dreiteilung der Lösungsgewinnung ist prinzipiell auch auf andere Unternehmensbereiche übertragbar. So wird in der Arbeitsplanung die Neu-, Ähnlichkeits- und Variantenplanung unterschieden (KOEPFER 1991, S. 16-17). In anderen Bereichen ist diese Trennung zumeist nicht begrifflich festgelegt, jedoch lassen sich auch dort diese Arten der Aufgabenlösung identifizieren.

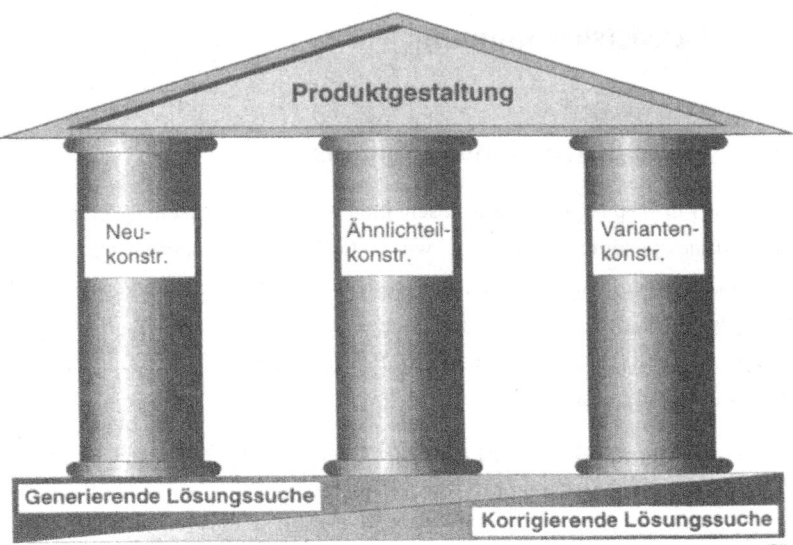

Bild 2-1: Planungs- und Konstruktionsarten

Unabhängig vom Anwendungsgebiet liegen diesen Konstruktions- oder Planungsarten zwei grundlegende Methoden der Lösungsfindung zugrunde (EHRLENSPIEL 1995, S. 8) (Bild 2-1):

- Die generierende Lösungssuche und

- die korrigierende Lösungssuche.

Die Generierung neuer Lösungsprinzipien wird durch Methoden der Konstruktionslehre (EHRLENSPIEL U. A. 1988A; EHRLENSPIEL U. A. 1988B) unterstützt und ist nicht Inhalt dieser Arbeit. Das hier konzipierte Werkzeug ist ausschließlich auf die Optimierung der Lösungsfindung über die Variationsmethode ausgerichtet.

2.2   Was ist Ähnlichkeit?

In verschiedenem Zusammenhang wurde bereits der Begriff "Ähnlichkeit" verwendet. Nachfolgend wird dieser eher umgangssprachlich-unscharfe Begriff für die weitere Arbeit definiert.

Aus der Mathematik und der Physik ist dieser Begriff durch die sogenannte *Ähnlichkeitstheorie* bekannt (PAWLOWSKI 1991, S. 9-15; BAKER U.A., 1991; SEDOV 1993), die die Grundlage für eine Vielzahl wissenschaftlich-technischer Untersuchungen liefert. Physikalische Sachverhalte werden meist über dimensionsbehaftete Größen umschrieben. Diese können nach dem sogenannten π-*Theorem* in einen Satz dimensionsloser, linear unabhängiger Kennzahlen (π-*Größen*) umgewandelt werden, die eine neue, meist vereinfachte Sicht auf komplexe Sachverhalte ermöglichen.

Nach der Ähnlichkeitstheorie sind zwei Sachverhalte dann zueinander vollständig ähnlich, wenn sie in ihren Kennzahlen übereinstimmen. Diese Gesetzmäßigkeit bietet durch die Modellübertragbarkeit im Rahmen der technischen Forschung die Möglichkeit, Modell- oder Laborversuche in kleinem Maßstab vorzunehmen, um wesentliche Erkenntnise über die Vorgänge in realen Anlagen zu gewinnen. Gerade bei komplexen, analytisch kaum zu lösenden Problemen, wie sie z.B. in der Strömungsmechanik oder der Verfahrenstechnik auftreten, bietet die Umwandlung auf dimensionslose Größen häufig entscheidende Vorteile durch die vereinfachte Darstellung.

Abgeleitet von der Ähnlichkeitstheorie kann eine Vielzahl unterschiedlicher Ähnlichkeiten definiert werden. So spricht man beispielsweise von einer *geometrischen Ähnlichkeit*, wenn die Längenverhältnisse (= Kennzahl) zweier geometrischer Körper gleich sind. Zwei scheibenförmige Körper sind dann zueinander geometrisch ähnlich, wenn sie in ihrem Längen-Durchmesser-Verhältnis übereinstimmen.

PAHL & BEITZ (1986, S. 412-413) sprechen dann von Ähnlichkeit, wenn bei zwei Objekten das Verhältnis mindestens einer physikalischen Grundgröße (z.B. Länge, Zeit, Kraft, Temperatur) konstant ist. Sie leiten hieraus neben der *geometrischen* auch die *kinematische*, die *statische*, die *dynamische* und die *thermische Ähnlichkeit* ab (siehe auch BEITZ & KÜTTNER 1987, S. B62-B64).

Die wesentliche Voraussetzung für eine Behandlung von Sachverhalten entsprechend der Ähnlichkeitstheorie ist, daß die betreffenden dimensionsbehafteten Parameter in mathematischen Zusammenhängen zueinander stehen und so durch Größengleichungen abbildbar sind. Für einen Anwendungsfall entsprechend der Aufgabenstellung dieser Arbeit trifft dies jedoch nicht zu. Die hier betrachteten technischen Probleme, wie sie z.B. bei der Planung des Produktionsprozesses oder der Produktentwicklung auftreten, sind weit komplexer. Ihre Einflußfaktoren sind in vollem Umfang und mit ausreichender Genauigkeit kaum erfaßbar und die Abhängigkeiten zwischen diesen Parametern auch nicht mathematisch beschreibbar. Im menschlichen Denken werden meist zusätzlich eine Vielzahl von Assoziationen mit jedem Objekt verknüpft. D.h. zu der expliziten Objektbeschreibung kommt eine implizite hinzu (MÜLLER 1990, S.24-25), die einen elementaren Einfluß auf die Problemlösung haben kann. Eine Nutzung der Ähnlichkeitstheorie für den vorliegenden Anwendungsfall scheidet damit aus.

Für eine Definition des Begriffs wird deshalb unterschieden, ob sich die Ähnlichkeit ausschließlich auf die betrachteten Merkmale der expliziten Objektbeschreibung bezieht, oder ob das jeweilige Objekt als Ganzes mit all seinen Assoziationen gesehen werden soll.

Für den ersten Fall wird der Begriff *merkmalbasierte Ähnlichkeit* eingeführt und hierfür die Definition von FREIST (1985, S. 17-19) übernommen, der die einzelnen Objekte als Punktvektoren in einem n-dimensionalen Merkmalsraum betrachtet und das Maß der Ähnlichkeit über Distanzfunktionen ermittelt. Nachteil dieser Definition ist, daß nur ein Ausschnitt der objektbezogenen Informationen betrachtet wird und deshalb ein "rechnerisch" ähnliches Objekt durchaus in der Praxis als nur unzureichend ähnlich bewertet werden kann. Dieser Fall kann umso häufiger auftreten, je komplexer die Aufgabe und je allgemeiner die Beschreibung über Merkmale ist.

Im Falle einer ganzheitlichen Objektbetrachtung, hier als *tatsächliche Ähnlichkeit* bezeichnet, wird der Umweg über die Wirtschaftlichkeit der Nutzung einer vorhandenen Lösung im Rahmen der Ähnlichteilsuche gewählt.

Zwei Lösungen werden dann als ähnlich betrachtet, wenn sie in ihren Eigenschaften soweit übereinstimmen, daß sie mit einem begrenzten Änderungsaufwand ineinander übergeführt werden können. Konkret bedeutet dies für die Ähnlichteilsuche: Wenn es wirtschaftlich sinnvoll ist, eine vorhandene Lösung an eine bestehende Aufgabenstellung anzupassen, statt eine neue Lösung zu entwickeln, so ist dies eine ähnliche Lösung. Ist die Nutzung der Lösung dagegen aufwendiger als die Neugenerierung, so wird die Lösung als unähnlich bezeichnet. Ähnlichkeit in diesem Sinne ist nicht quantifizierbar, und es muß in Kauf genommen werden, daß die Beurteilung des Grades der Übereinstimmung nach subjektiven Maßstäben zu erfolgen hat.

Das Problem der Ähnlichteilsuche wird bereits seit einigen Jahren bearbeitet. Es existieren eine Reihe von Anwendungen und Forschungsvorhaben, die nachfolgend vorgestellt und analysiert werden.

3 Methoden und Werkzeuge für die Ähnlichteilsuche und Standardisierung

3.1 Übersicht

Die Ähnlichteilsuche hat zum Ziel, ausgehend von einer neuen Aufgabenstellung, eine geeignete Lösung aus einer vorhandenen Lösungsmenge zu ermitteln. Es wird in diesem Zusammenhang nicht nach einem bestimmten Werkstück gesucht, das im Sinne eines Recycling einer Wiederverwendung zugeführt werden soll (NEDEß & HERMANN 1990, S. 314), sondern nach bestimmten mit einem Produkt verbundenen Informationen, die in Dokumentationsunterlagen wie Konstruktionszeichnungen, Stücklisten oder Arbeitsplänen festgehalten sind.

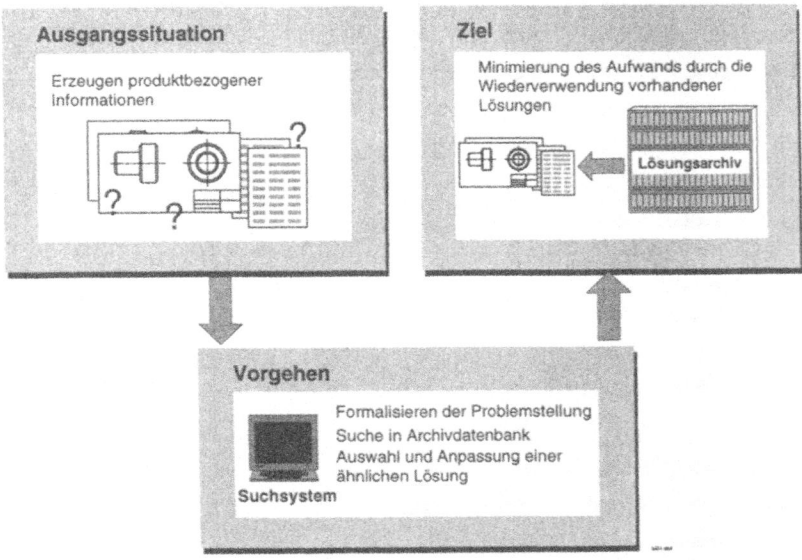

Bild 3-1: Ausgangssituation, Ziele und Vorgehen bei der Ähnlichteilsuche

Das Grundproblem bei der Suche nach vorhandenen Lösungen besteht in der meist fehlenden Überschaubarkeit großer Objektmengen, die eine Einengung des Suchraums erfordert. Ziel der bekannten Verfahren zur Lösungssuche ist deshalb die Schaffung einer entsprechenden Übersichtlichkeit dieser Lösungsmengen durch die Einführung von Ordnungsmerkmalen bzw. durch eine geeignete Objektbeschreibung.

Die Ursprünge dieser Verfahren liegen vor der Zeit der rechnergestützten Datenverarbeitung und wurden zum Teil aus anderen Bereichen übernommen und auf den Maschinenbau angewandt. Die Ähnlichteilsuche und ihre Anwendung im Maschinenbau wird etwa seit Ende der 50er Jahre wissenschaftlich behandelt.

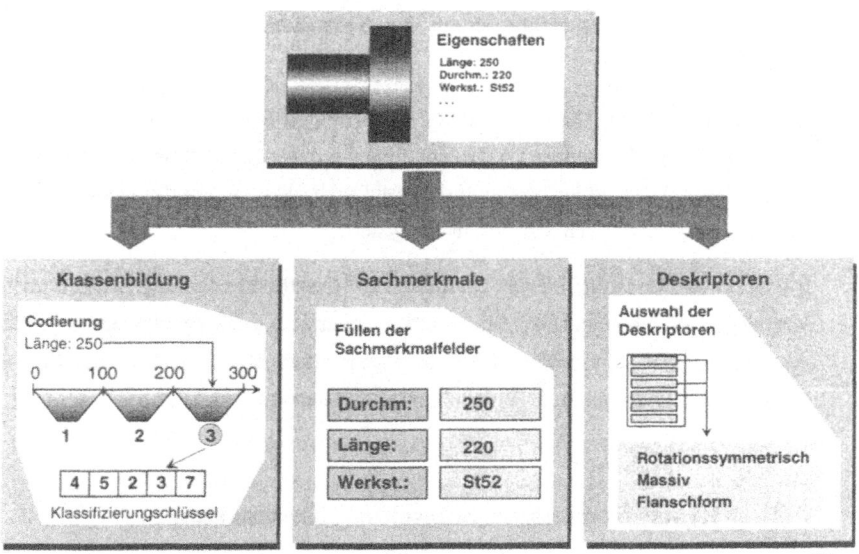

Bild 3-2: Methoden der Objektbeschreibung

Eine Unterscheidung der bekannten Verfahren kann anhand der verwendeten Methoden der Objektbeschreibung erfolgen (Bild 3-2).

- **Klassenbildung:** Die einzelnen Lösungen werden entsprechend festgelegter Merkmale einzelnen Klassen zugeordnet. Auf diese Weise wird die zu prüfende Lösungsmenge untergliedert und damit eingeschränkt. Für jede neue Aufgabenstellung muß nun lediglich die Ergebnismenge in der betroffenen Klasse untersucht werden.

- **Sachmerkmale:** Jede Lösung wird einheitlich über bestimmte Sachmerkmale beschrieben. Durch Verwendung dieser Merkmale als Suchkriterien kann die Ergebnismenge eingeschränkt werden.

- **Deskriptoren:** Deskriptoren oder Schlagworte werden verwendet, um vorhandene Lösungen zu umschreiben. Im Gegensatz zu Sachmerkmalen muß hierbei keine einheitliche Struktur eingehalten werden. Die Einschränkung des Ergebnisraums erfolgt durch die Verwendung von Deskriptoren als Suchkriterien.

In der nachfolgenden Analyse werden die einzelnen Methoden beschrieben und die auf ihnen aufbauenden Werkzeuge aus Industrie und Forschung anhand verschiedener Anwendungsbeispiele dargestellt. Hierbei werden die Stärken und Schwächen des jeweiligen Verfahrens analysiert.

Basierend auf den aufgeführten Methoden zur Objektbeschreibung, werden auch Verfahren der numerischen Mathematik verwendet, um Werkzeuge für die Ähnlichteilsuche zu entwickeln. Besondere Bedeutung hat hier die Clusteranalyse erlangt. Sie soll deshalb im folgenden gesondert behandelt werden.

3.2   Klassifizierung (Schlüsselung, Nummerung)

3.2.1   Übersicht

Die Klassifizierung im Sinne der Nummerungstechnik beruht auf der Gruppentechnologie nach Sokolowski bzw. seinem Schüler MITROFANOW (1960). Unter Gruppentechnologie versteht man die Ordnung der Werkstücke eines Fertigungsprogramms hinsichtlich Einsparungsgesichtspunkten in Konstruktion und/oder Fertigung (TUFFENTSAMMER 1983). Das Anwendungsgebiet der Gruppentechnologie beschränkt sich also nicht allein auf Probleme der Produktion, sondern kann auch auf andere Unternehmensbereiche, wie Konstruktion, Arbeitsvorbereitung, Disposition etc., ausgedehnt werden (POLLAK 1968).

In den 50er und 60er Jahren wurden von OPITZ (1970, S. 479-493) Klassifizierungsschlüssel entwickelt, die auch heute noch in verschiedenen Unternehmen eingesetzt werden. Auf der Basis dieser zunächst eher allgemein gehaltenen Schlüssel wurden später eine Vielzahl unterschiedlicher Schlüssel für die verschiedensten Anwendungsfälle entwickelt (MÜLLER 1990, S. 5-6).

3.2.2 Verfahren

Eine Klasse wird beschrieben durch eine Anzahl ausgewählter (Klassen-) Merkmale. Objekte, die in diesen Merkmalen übereinstimmen, werden in Klassen zusammengefaßt und dadurch gleichzeitig von Objekten in anderen Klassen abgegrenzt. Die Tätigkeit der Zuordnung eines Objekts zu einer Klasse bezeichnet man als Klassieren. Im Gegensatz dazu versteht man unter Klassifizieren das Bilden von Klassen und/oder Klassifizierungssystemen. Ein Klassifizierungssystem wiederum ist ein Ordnungsschema für Klassen (DIN-6763).

Durch den Aufbau eines Klassifizierungssystems wird somit eine Struktur geschaffen, die eine zunächst heterogene Objektmenge in hinsichtlich eines Anwendungsfalls homogene Untergruppen zerlegt. Dadurch kann die Übersichtlichkeit einer großen Elementemenge sichergestellt werden. Bezogen auf den jeweiligen Anwendungsfall sollte zwischen den Elementen einer Klasse eine möglichst hohe Ähnlichkeit und gleichzeitig zu Elementen anderer Klassen ein möglichst großer Unterschied bestehen.

Die Ausprägungen der Klassenmerkmale werden in der Regel codiert in Form eines Klassifizierungsschlüssels dargestellt. Dieser Schlüssel, nach DIN 6763 auch Klassenkennung genannt, ist eindeutig und dient zur Identifikation einer Klasse innerhalb eines Klassifizierungssystems.

Bezüglich ihres Aufbaus lassen sich mehrdimensionale und hierarchische Klassifizierungssysteme unterscheiden (Bild 3-3). Beide Verfahren können auch kombiniert werden.

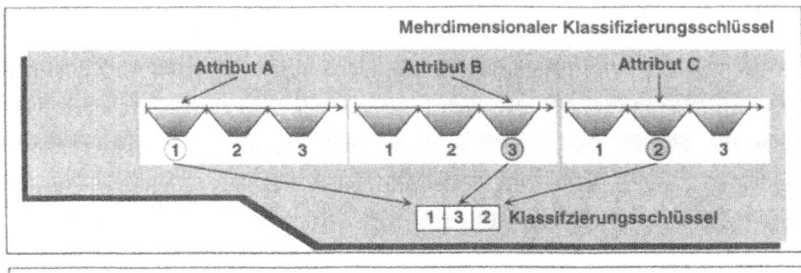

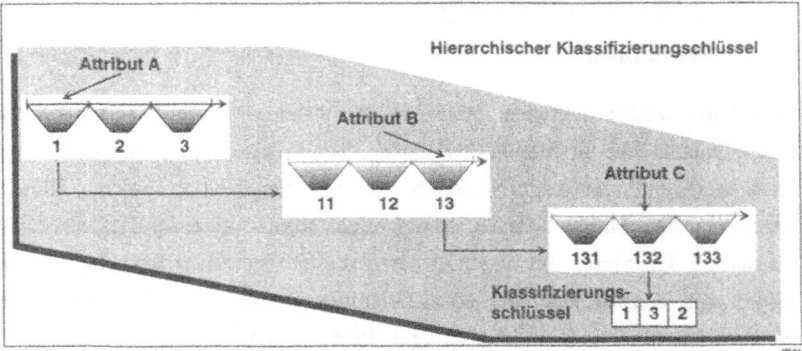

Bild 3-3: Mehrdimensionaler und hierarchischer Klassifizierungschlüssel

Bei einem mehrdimensionalen Klassifizierungssystem werden die einzelnen Merkmale unabhängig voneinander verschlüsselt und anschließend miteinander kombiniert. Der hierdurch entstehende Klassifizierungsschlüssel wird als *Parallelschlüssel* bezeichnet. D.h. die Bedeutungen der einzelnen Stellen der Kennung sind voneinander unabhängig.

Das hierarchische Klassifizierungssystem ist entsprechend einer Baumstruktur aufgebaut. Das Klassieren der Objekte erfolgt entlang dieser Struktur über die einzelnen Verzweigungen hinweg. Dabei wird die Objektmenge schrittweise in Teilmengen untergliedert. Der hierdurch entstehende Klassifizierungsschlüssel wird auch als *Verbundschlüssel* bezeichnet. D.h. die Bedeutung der einzelnen Stellen ergibt sich in Abhängigkeit von den übergeordneten Stellen. Der Schlüssel kann nur von links nach rechts gelesen werden, eine isolierte Stelle für sich beinhaltet u. U. keinerlei Aussagekraft.

Grundsätzlich kann ein Klassifizierungsschlüssel aus allen alphanumerischen Zeichen aufgebaut sein. Werden nur Dezimalzahlen verwendet, so spricht man von einem dekadischen oder Dezimalschlüssel.

Die Objekte in den einzelnen Klassen werden sowohl explizit als auch implizit beschrieben. Durch die Verknüpfung mit den ausgewählten Klassenmerkmalen werden die Objekte explizit, durch die Assoziation mit zusätzlichen Eigenschaften, die der Klasse zugeordnet werden, implizit beschrieben (MÜLLER 1990, S. 24-25). Schulkinder werden z.B. im wesentlichen ausschließlich aufgrund ihres Alters in unterschiedliche Klassen eingeordnet. Trotzdem verbindet man mit einem Kind der ersten Klasse eine Reihe zusätzlicher Eigenschaften, die typisch für es sind, wie z. B. eine geringe Körpergröße oder eine gewisse Unselbständigkeit.

Bei der Ähnlichteilsuche wird zunächst das aktuelle Objekt klassiert und dabei die Klassenkennung ermittelt. Durch diesen Vorgang wird der Suchraum auf die entsprechende Klasse eingeengt. Innerhalb dieser Klasse wird nun nach einem ähnlichen Element gesucht.

3.2.3   Anwendung

Klassifizierungssysteme haben eine weite Verbreitung in der betrieblichen Praxis erreicht. Am bekanntesten ist das werkstückbeschreibende Klassifizierungssystem von OPITZ (1970).

| | 2 | 3 | 3 | 1 | 5 | |

Hauptgruppe		Verfahren	Profilform-Verfahren	Größe	Warmbehandlung
0	L/D <= 0,25	0	Drehen einfach	0	Ohne	0	D <= 80	0	Ohne
1	L/D <= 0,5	1	Bohren/Fräsen zusätzl. zu 0	1	Innenprofil	1	80 < D <= 125	1	Glühen
2	L/D <= 1	2	Feinbearbeitung zusätzl. zu 0 + 1	2	Beschaufelung	2	125 < D <= 200	2	Vergüten
3	L/D <= 3	3	Drehen mittel	3	Außen-Verzahn.	3	200 < D <= 310	3	Härten
4	L/D > 3	4	Bohren/Fräsen zusätzl. zu 3	4	Feinbearbeitung zusätzl. zu 3	4	310 < D <= 500	4	Einsatzhärten
5	Gehäuse	5	Feinbearbeitung zusätzl. zu 3 + 4	5	Innen-Verzahn.	5	500 < D <= 800	5	Nitrieren (Gas)
6	Flachteile	6	Drehen komplex	6	Feinbearbeitung zusätzl. zu 5	6	800 < D <= 1200	6	Nitrieren (Bad)
7	Sonstige	7	Bohren/Fräsen zusätzl. zu 6	7	Innen- und Außen-Verzahn.	7	1200 < D <= 2000	7	andere Verfahren
8		8	Feinbearbeitung zusätzl. zu 6 + 7	8	Feinbearbeitung zusätzl. zu 7	8	2000 < D <= 3200	8	
9		9		9		9	D > 3200	9	

(Rotationsteile)

Bild 3-4: Beispiel eines technologieorientierten Klassifizierungsschlüssels

Auf der Basis dieser Systematik wurden nachfolgend für verschiedene Anwendungsfälle in unterschiedlichen Branchen spezifische Klassifizierungssysteme entwickelt, für die HEBBELER (1989) einen guten Überblick vermittelt. Andere Ansätze untersuchen die Einsatzmöglichkeiten der Klassifizierung in Verbindung mit der NC-Technik (TUFFENTSAMMER 1983, S. 305) oder im Rahmen eines Informations- und Dokumentationssystems (PFLICHT 1988). Durch den Einsatz wissensbasierter Systeme soll der zum Teil erhebliche Aufwand bei der manuellen Klassifizierung reduziert und die Effektivität von Klassifizierungssystemen gesteigert werden (GEIGER 1993, S. 10-16).

Die Klassifizierungssystematik ist häufig eng mit der Nummerungstechnik verknüpft. D.h. der Klassifizierungsschlüssel wird zu einem Bestandteil der identifizierenden Nummer für Werkstücke. Man unterscheidet hierbei Verbundnummern, deren Eindeutigkeit erst durch die Kombination aus klassifizierendem und zählendem Teil gewährleistet wird, und Parallelnummern, die aus zwei unabhängigen Nummernteilen bestehen (EVERSHEIM U. A. 1989, S. 72-73).

Aufgrund der offensichtlichen Vorteile (insbesondere bei Änderungen der Nummernsystematik) hat sich der Parallelschlüssel weitgehend durchgesetzt. Mit Techniken und Problemen der Verschlüsselung setzen sich DANGERFIELD & MORRIS (1991, S. 4-9) intensiv auseinander.

3.2.4 Bewertung

Die Klassifizierung ist ein wirksames Mittel zur Verwaltung von strukturierten Objektmengen, wie beispielsweise Normteile. Durch die klare, zumeist hierarchische Struktur des Klassifizierungssystems wird die Objektmenge in übersichtliche Teilmengen untergliedert. Das Verfahren ermöglicht damit selbst bei großen Datenbeständen einen raschen Zugriff auf einzelne Elemente. Die Klassifizierung ist mit einem geringen datentechnischen Aufwand verbunden und kann sowohl mit als auch ohne Rechnerunterstützung eingesetzt werden.

Den Stärken der Klassifizierung stehen einige grundsätzliche Schwächen entgegen, die unabhängig von der Umsetzung durch das Verfahren bestimmt sind.

Jedes Klassifizierungssystem ist nur für einen Anwendungsfall ausgelegt, eine Anpassungsfähigkeit an andere Verwendungszwecke ist nicht gegeben (MÜLLER 1990, S. 5-6; FREIST & GRANOW 1982A, S. 414). Die Vielzahl der heute existierenden unterschiedlichen Klassifizierungssysteme ist der Beleg dafür.

Beim Aufbau eines Klassifizierungssystems werden Ähnlichkeiten durch die Auswahl der Klassenmerkmale vorab definiert. Dies ist mit ausreichender Genauigkeit nur für Objektmengen möglich, die, wie beispielsweise Normteile, bereits in "natürliche", bekannte Klassen untergliedert sind. Ein heterogenes Teilespektrum, dessen innere Struktur nicht bekannt ist, kann auf diese Weise nur unzureichend beschrieben werden (GRANOW 1984, S. 14).

Durch die Codierung der Ausprägungen der Klassenmerkmale ergibt sich ein Informationsverlust, der keine detaillierte Objektbeschreibung zuläßt. Hierdurch sinken die Möglichkeiten zur Differenzierung einzelner Objekte. Zusätzlich ist die Anzahl der maximal möglichen Merkmale durch die Handhabbarkeit des

Schlüssels beschränkt. Das Verfahren verliert damit vor dem Hintergrund steigender Produktkomplexität mit der Anforderung nach höherem Detaillierungsgrad der Teilebeschreibung an Bedeutung. Hinzu kommt eine nicht unerhebliche Fehleranfälligkeit bei komplexeren Codiervorgängen (TÖNSHOFF 1981).

Aufgrund der mangelnden Flexibilität gegenüber Veränderungen kann ein Klassifizierungssystem kaum an wechselnde Randbedingungen angepaßt werden. Eine umfangreiche Änderung der Klassenstruktur ist unmöglich. Selbst eine weitergehende Detaillierung bestehender Klassen in Unterklassen ist aufgrund des Informationsverlustes der Codierung ohne den Verlust der Datenbasis meist nicht möglich.

Die Einsatzmöglichkeiten eines Klassifizierungssystems für die Ähnlichteilsuche in einem typischen Maschinenbauunternehmen sind entscheidend vom Füllgrad abhängig. Hierdurch wird der Nutzungszeitraum eines Klassifizierungssystems eingeschränkt. Kurz nach Einführung des Systems sind die einzelnen Klassen noch leer und es kann aufgrund einer fehlenden Datenbasis noch kein Ähnlichteil ermittelt werden. Nach dieser Einführungsphase durchläuft das System seine Nutzungsphase, in der eine ausreichende Datenbasis vorhanden ist. Bei fortgesetzt steigendem Füllgrad kann das optimale Ähnlichteil wegen der fehlenden Übersichtlichkeit innerhalb der einzelnen Klassen nicht mehr ermittelt werden. Das Klassifizierungssystem hat damit sein "Verfallsdatum" überschritten und wird seiner Aufgabe nicht mehr gerecht.

Durch die Codierung kontinuierlicher Merkmale (z.B. Durchmesser in Durchmesserklassen) werden diskrete Übergänge geschaffen. So können zwei beinahe identische Teile unterschiedlichen Klassen zugeordnet werden, obwohl sich ihre Durchmesser nur um wenige Millimeter unterscheiden. Eigene Untersuchungsergebnisse belegen diese Problematik. Bei der Analyse eines Klassifizierungssystems, das auf dem fünf-stelligen Schlüssel nach Opitz aufbaut, wurde die Übereinstimmung des Schlüssels bei Kombinationen ähnlicher Werkstücke untersucht. Es zeigte sich, daß nur in 44% der Fälle die Schlüssel der verglichenen Ähnlichteile in keiner ihrer fünf Stellen voneinander abwichen (Bild 3-5). In den meisten Fällen waren die zueinander ähnlichen Teile in benachbarte Klassen eingeordnet. D.h. in mehr als der Hälfte der Fälle hätten die betreffenden Teile trotz ausgeprägter tatsächlicher Ähnlichkeit nicht gefunden werden können.

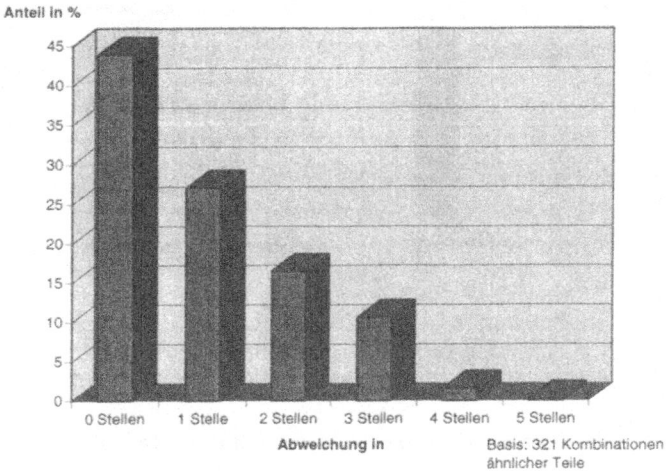

Bild 3-5: Analyse eines Opitzschlüssels

Die beschriebenen Stärken und Schwächen sind in Bild 3-6 zusammenfassend dargestellt.

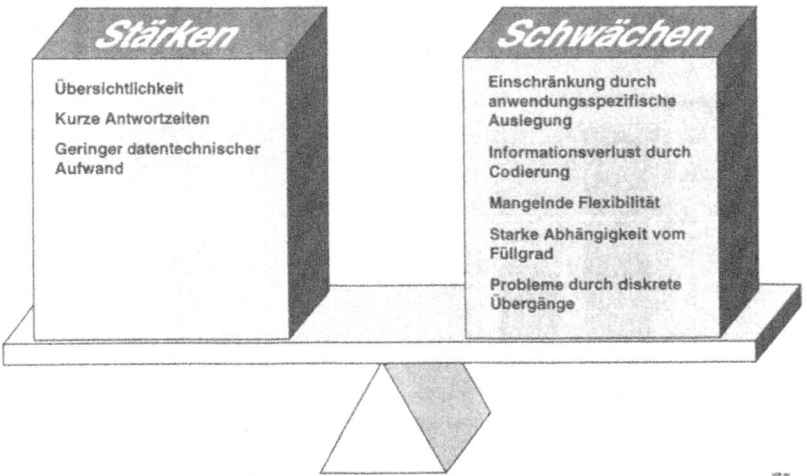

Bild 3-6: Bewertung der Klassifizierung (siehe auch HERRMANN 1992, S. 11)

3.3   Sachmerkmale

3.3.1   Einführung

Ein zentrales Problem der Klassifizierung ist - wie beschrieben - der mit der Codierung verbundene Informationsverlust. Mit der Weiterentwicklung und der breiteren Anwendung der Rechnertechnik war die Reduzierung der Datenmenge in dieser Form nicht mehr erforderlich. Die Informationen konnten unverschlüsselt in Form von Sachmerkmalen gespeichert werden.

3.3.2 Verfahren

Merkmale sind Eigenschaften, die zum Beschreiben oder Unterscheiden von Gegenständen dienen. Ist das Merkmal unabhängig vom Umfeld des Gegenstandes, so wird es als Sachmerkmal bezeichnet. Im Gegensatz dazu definieren *Relationsmerkmale* die Beziehungen eines Objekts zu seiner Umwelt. Unter der Merkmal-Ausprägung versteht man den mit dem Merkmal verbundenen Wert. Es kann sich sowohl um einen Zahlenwert mit Einheit als auch um eine attributive Angabe handeln (DIN 4000).

Die Ähnlichteilsuche erfolgt auf der Basis von Sachmerkmalen und deren Ausprägungen über beliebig zu formulierenden Suchbedingungen. Sachmerkmalsysteme erlauben so die Einschränkung der Lösungsmenge und damit den gezielten Zugriff auf einzelne Elemente.

Sachmerkmalleistenkopf							
Kennbuch-stabe	**A**	**B**	**C**	**D**	**E**	**F**	**G**	**H**
Sachmerk-mal-Benennung	Durchm.	Länge	Flansch-durchm.	Flansch-länge	Innen-durchm.	Anzahl Bohrungen	Werkst.	Gewicht
Referenz-hinweis								
Einheit	mm	mm	mm	mm	mm			kg

Datentabelle							
Ident.-Nr.	**A**	**B**	**C**	**D**	**E**	**F**	**G**	**H**
471123	120,4	100,0	110,3	22,3	20,0	6	St52	2,1
471134	210,4	210,5	140,5	56,0	32,0	10	St52	4,6
471212	148,4	124,2	120,0	48,4	23,0	8	17CrNiMo6	3,1

Bild 3-7: Aufbau einer Sachmerkmalleiste nach DIN 4000

Sachmerkmale werden jeweils für Gruppen artverwandter Gegenstände, sogenannte Gegenstandsgruppen, einheitlich festgelegt. Ist die Homogenität einer Elementemenge nicht ausreichend für eine einheitliche Beschreibung, so wird zusätzlich die Methode der Klassifizierung angewandt. D.h. zunächst wird die Elementemenge entsprechend einer Klassenstruktur in homogene Gegenstandsgruppen oder Klassen zerlegt. Auf dieser Ebene erfolgt dann eine weitergehende Beschreibung über Sachmerkmale.

Die Darstellung von Sachmerkmalen kann auf verschiedene Arten erfolgen. Die bekannteste Art stellt die Sachmerkmalleiste dar (Bild 3-7). Diese nach DIN 4000 genormte Darstellungsform wird von einer Vielzahl von Softwaresystemen genutzt.

3.3.3 Anwendung

Ein vollständige Darstellung aller Anwendungsgebiete von Sachmerkmalen bzw. Sachmerkmalleisten kann aufgrund der Vielzahl der Ansätze im Rahmen dieser Arbeit nicht erfolgen. Nachfolgend werden deshalb exemplarisch verschiedene Ansätze dargestellt, die einen Überblick über die Einsatzmöglichkeiten von Sachmerkmalen in Forschung und Praxis vermitteln sollen.

Sachmerkmalsysteme haben sich bereits seit längerem in der betrieblichen Praxis durchgesetzt und zu einem weitverbreiteten Bestandteil vieler Softwaresysteme entwickelt. Typische Anwendungsgebiete sind PPS-Systeme, Engineering-Data-Management-Systeme oder Systeme zur Betriebsmittelverwaltung (EVERSHEIM U. A. 1993; SPRUNG 1993; REINER & PEIKER 1991). SCHADE (1992) setzt sich kritisch mit verschiedenen Anwendungsfällen in Industrie und Praxis auseinander.

Die Basisfunktionalität eines Sachmerkmalsystems wird hierbei z. T. auch durch Zusatzfunktionen ergänzt. So ermöglicht beispielsweise das SAP-Klassifizierungssystem die Definition von *Domänen*. Dies sind Sachmerkmale, deren Gültigkeitsbereich über die jeweilige Gegenstandsgruppe hinausgeht, so daß klassenübergreifend nach bestimmten Merkmalen gesucht werden kann (SAP 1993, S.86).

Das System KONFIMO (STROHMAYR 1991) nutzt Sachmerkmale zur wissensbasierten Konstruktion und Konfiguration von Montage-Betriebsmitteln.

Müller verwendet Sachmerkmale in einem datenbankgestützten Teileinformationssystem zur Konstruktionsdatenverwaltung bzw. Wiederholteilsuche (MÜLLER 1990; EHRLENSPIEL & MÜLLER 1990).

Einen ähnlichen Ansatz wählen Nedeß und Herrmann (HERRMANN 1992; NEDEß & HERRMANN 1990) beim Aufbau eines betrieblichen Teileinformationssystems. Die Objektbeschreibung erfolgt durch eine Kombination aus hierarchischer Klassifizierung und Sachmerkmalen. Die Ankoppelung einer expertensystemgestützten Merkmalgenerierungskomponente soll dem Anwender auch bei unsicheren Eingangsinformationen eine erfolgreiche Suche ermöglichen.

Das Variable Informations- und Dokumentationssystem VIDOS (PFLICHT 1988) verwendet u.a. Sachmerkmale zur Teiledatenverwaltung. Es wird der Versuch unternommen, alle wesentlichen Informationen bezüglich Stammdaten und Betriebsmitteln in Parameterform auf Sachmerkmale abzubilden.

Die Kopplung von Sachmerkmalsystemen und CAD-Systemen stellt einen häufig gewählten Ansatz dar. Ziel ist hierbei zum einen die Wiederverwendung von CAD-Modellen (MÜLLER 1990; SCHUNKE 1990), sowie zum anderen die Verwaltung und Verarbeitung von Normteilen (PAHL U. A. 1982; GRABOWSKI 1983; GRABOWSKI & HEIDRICH 1984). Schunke stellt in diesem Zusammenhang eine Methode vor, das Ähnlichkeitsmodell - das Schema zur Beschreibung der für die Ähnlichkeit relevanten Daten - automatisch aus CAD-Modellen zu erzeugen und so den manuellen Erstellungsaufwand deutlich zu reduzieren.

BRUNKHORST (1995, S. 69-71) nutzt Sachmerkmale für eine hierarchische Ähnlichteilsuche. Über ein Distanzmaß (siehe Kapitel 3.4.1) kann der Grad der Übereinstimmung in bestimmten Merkmalen ermittelt und so eine Aussage über das Maß der Ähnlichkeit getroffen werden.

PLATZ (1990) setzt Sachmerkmale im Rahmen der Wiederholteilsuche ein. Er beschränkt sich hierbei nicht ausschließlich auf Einzelteile, sondern konzentriert sich insbesondere auf die Wiederverwendung funktionaler Baugruppen und dehnt damit den Einsatzbereich auf die gesamte Erzeugnisstruktur aus.

Den quantifizierbaren Nutzen von Sachmerkmalsystemen stellen EIGNER U. A. (1993) anhand einer Beispielrechnung dar. Unter ausschließlicher Berücksichtigung des quantifizierbaren Nutzens ergibt sich für ein durchschnittliches Maschinenbauunternehmen eine Amortisationszeit von etwa drei Jahren.

3.3.4   Bewertung

Sachmerkmalsysteme eignen sich für die Verwaltung strukturierter Objektmengen. Typische Anwendungsgebiete sind Normteil- und Werkzeugverwaltungssysteme.

Im Gegensatz zu Klassifizierungssystemen ist eine nachträgliche Erweiterung des Beschreibungsumfangs durch Hinzufügen zusätzlicher Spalten möglich. Dadurch lassen sich in begrenztem Rahmen Anpassungen an weitere Anwendungsfälle vornehmen und Veränderungen im Umfeld abfangen.

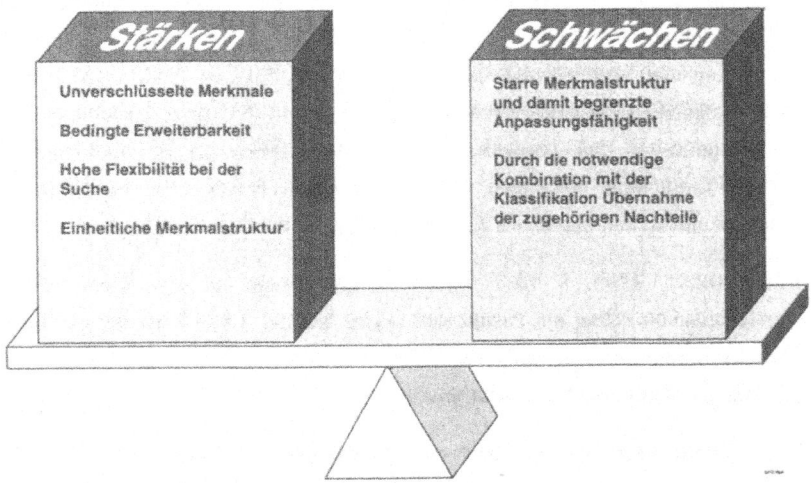

Bild 3-8: Bewertung der Objektbeschreibung über Sachmerkmale

Die herausragende Stärke eines Sachmerkmalsystems ist die Möglichkeit der flexiblen Suche auf der Basis unverschlüsselter Merkmale. Die Suchbedingung kann beliebig formuliert und dadurch die Lösungsmenge eingeschränkt werden.

Die Anwendung von Sachmerkmalen setzt das Vorhandensein einer homogenen Gegenstandsgruppe voraus, die u.U. durch eine fortschreitende Untergliederung einer heterogenen Elementemenge gebildet werden muß. D.h. die Objektbeschreibung über Sachmerkmale wird mit der Klassifizierung verknüpft. Hierdurch werden aber auch die Nachteile der Klassifizierung wirksam. Je detaillierter die Beschreibung über Sachmerkmale zu erfolgen hat, desto feiner muß die zugrundeliegende Klassenstruktur ausfallen und desto stärker wirken sich die Nachteile der Klassifizierung aus.

Die detaillierte Beschreibung des heterogenen Teilespektrums eines typischen Maschinenbauunternehmens kann über das starre Schema einer Sachmerkmalleiste nur ungenügend erfolgen. Der Zwang zur einheitlichen Beschreibung beschränkt den Detaillierungsgrad der Objektbeschreibung erheblich. Dem Verfahren fehlt die erforderliche Differenzierungsmöglichkeit, um auch komplexe Anwendungsfälle mit ausreichender Genauigkeit abdecken zu können.

3.4 Deskriptoren

3.4.1 Einführung

Der sachmerkmalgestützten Objektbeschreibung liegt eine anwendungsspezifisch festgelegte Struktur von Merkmalen zugrunde, die bei der Dateneingabe mit den entsprechenden Objektausprägungen gefüllt wird. Dieses starre Schema gestattet eine einheitliche Beschreibung der betrachteten Objekte, stößt aber aufgrund unzureichender Flexibilität und Differenzierungsmöglichkeit rasch an Grenzen, wenn die Homogenität der Objektmenge nicht ausreicht. Eine höhere Anpassungsfähigkeit kann durch eine Objektbeschreibung über Deskriptoren oder Schlagworte erreicht werden. Jedes Objekt wird hierbei durch eine variable Zahl von aussagekräftigen Attributen umschrieben.

3.4.2   Verfahren

Die Gesamtmenge der Deskriptoren bildet das Vokabular der Dokumentationssprache (DIN-1463). Deskriptoren können Bezeichnungen von Begriffen oder
Namen sein. Sie können entweder aus einem Wort (Einwort-Deskriptoren) oder
aus einer Kombination mehrerer Wörter bestehen (Mehrwort-Deskriptoren).

Die Darstellung und Verwaltung einer Dokumentationssprache erfolgt in der
Regel über einen Thesaurus. Darunter versteht man die geordnete
Zusammenstellung von Begriffen und ihren Bezeichnungen. Er dient also zur
Sicherstellung der Eindeutigkeit der verwendeten Deskriptoren und ist somit für
die Qualität der Dokumentationssprache verantwortlich.

Bei der Objektbeschreibung werden jedem Element eine Menge von Deskriptoren zugeordnet. Anzustreben ist allerdings eine treffende Beschreibung mit
möglichst wenigen, idealerweise mit einem Deskriptor. Durch die Auswahl eines
oder mehrerer Deskriptoren kann die Bedingung für eine Suche erstellt werden,
die als Ergebnis alle Elemente liefert, zu deren Beschreibung die betreffenden
Deskriptoren verwendet wurden.

3.4.3   Anwendung

Das typische Anwendungsgebiet deskriptorgestützter Suchverfahren besteht in
der Verwaltung umfangreicher Textdokumente. Zu Recherchen in Bibliotheken
werden Schlagwortkataloge verwendet. Eine Rechnerunterstützung ist hierbei
nicht unbedingt erforderlich. Recherchen nach einem Suchbegriff können auch
über Karteikarten oder Microfichesysteme abgewickelt werden (STEINACKER
1975). Mit Prinzipien und Anwendungen der rechnergestützten Online Text-
Recherche setzten sich Houghton und Convey auseinander (HOUGHTON &
CONVEY 1984).

Als Anwendung im Maschinenbau ist das System Drebes (TÖNSHOFF 1981) zu
nennen. Es erlaubt die Beschreibung von Drehteilen über Fertigungselemente.
Hierbei werden Typ und Parameter des betreffenden Elements gespeichert. Diese

Informationen können als Deskriptoren verstanden und entsprechend verarbeitet werden.

BEUTLER (1990) faßt charakteristische Eigenschaften von Objekten in einem Deskriptor zusammen und untersucht bei der Ähnlichkeitssuche die mengen-mäßige Übereinstimmung zwischen der Suchbedingung und dem gespeicherten Deskriptor der archivierten Lösung. Ziel dieses Verfahrens ist die Wiederver-wendung von Ergebnissen aus Automatisierungsprojekten.

Die meisten kommerziellen Information-Retrival-Systeme beruhen auf dem Boole'schen Retrival und setzen deshalb beim Bediener ein entsprechendes Fachwissen voraus. GIGER (1988) stellt ein Konzept vor, das die Informations-suche auch ohne kryptische Suchbedingungen ermöglicht.

3.4.4 Bewertung

Deskriptorgestützte Suchsysteme erlauben eine sehr detaillierte Beschreibung der Elemente und sichern durch die Möglichkeit einer freien Formulierung der Suchbedingung eine hohe Erfolgsquote bei der Suche. Gleichzeitig gewährleistet dieses Verfahren durch die beliebige Erweiterbarkeit des Vokabulars der Dokumentationssprache eine hohe Flexibilität. So können zum einen Veränderungen in den Randbedingungen abgefangen und andererseits das System an verschiedene Anwendungsfälle angepaßt werden.

Im Gegensatz zur Klassifizierung und zur sachmerkmalgestützten Objektbeschreibung liegt diesem Verfahren keine starre Beschreibungsstruktur zugrunde, die eine ordnende Gliederung der Elementemenge ermöglichen würde. Die Beschreibung erfolgt grundsätzlich subjektiv, d.h. durch verschiedene Bediener wird dasselbe Objekt u. U. unterschiedlich beschrieben. Die Übersichtlichkeit der möglichen Schlagwörter ist trotz des Einsatzes eines Thesaurus eingeschränkt.

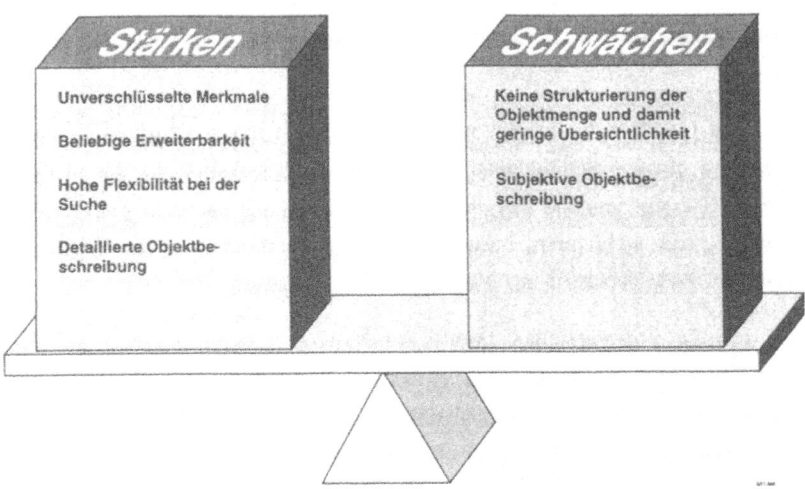

Bild 3-9: Stärken und Schwächen der deskriptorgestützten Objektbeschreibung

3.5   Numerische Verfahren am Beispiel der Clusteranalyse

3.5.1   Einleitung

Die Abgrenzung der oben dargestellten Verfahren erfolgte anhand der Methode zur Objektbeschreibung. Grundsätzlich lassen sich alle diese Methoden auf den Rechner abbilden und für verschiedene Anwendungsfälle einsetzen.

Darüber hinaus wurden Werkzeuge entwickelt, die zwar eines der oben dargestellten Beschreibungsverfahren nutzen, zusätzlich jedoch Methoden der numerischen Mathematik einsetzen. Zu nennen sind beispielhaft die Clusteranalyse, die Nutzwertanalyse, die Partialfolgenanalyse und die Regressionsanalyse. Im Rahmen der Ähnlichteilsuche und Standardisierung von Bauteilen hat die Clusteranalyse als ein wirksames Mittel zur Strukturierung von Objektmengen eine besondere Stellung erlangt. Sie soll deshalb kurz angesprochen werden.

3.5.2 Verfahren

Die Clusteranalyse (Cluster: engl. Haufen), Haufenbildung oder auch automatische Klassifizierung ist ein Verfahren der numerischen Mathematik zur Untergliederung einer inhomogenen Objektmenge in eine optimale Anzahl von Teilmengen oder Klassen. Grundlagen des Verfahrens wurden schon vor Jahren entwickelt und finden sich bei BOCK (1974) und VOGEL (1975). Einen groben Überblick über die verschiedenen Verfahren vermitteln WEULE & MÖCKESCH (1986, S. 95). Einen tieferen Einblick in die der Clusteranalyse und verwandten Verfahren zugrundeliegenden mathematischen Methoden liefert PANYR (1986).

Durch die Auswahl geeigneter Merkmale zur Beschreibung der Objekte kann das allgemeine Verfahren problemspezifisch an verschiedene Anwendungsfälle angepaßt werden. Entscheidendes Kriterium ist hierbei der mehrdimensionale Charakter des Verfahrens, der eine gleichzeitige Berücksichtigung aller gewählten Merkmale ermöglicht. Ziel der Clusteranalyse ist eine möglichst hohe Übereinstimmung zwischen den Objekten einer Klasse bei gleichzeitig möglichst geringen Ähnlichkeiten zwischen den Elementen verschiedener Klassen (FREIST & GRANOW 1982A, S. 415-416). Das Verfahren ist damit prinzipiell geeignet, Ansatzpunkte für Standardisierungen zu ermitteln.

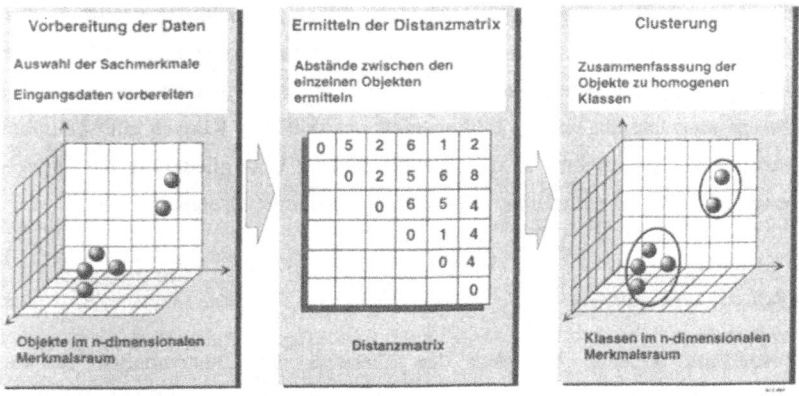

Bild 3-10: Vorgehen bei der Clusteranalyse

Grundsätzlich kann man das Vorgehen in drei Schritte unterteilen (siehe Bild 3-10):

Auswahl der Sachmerkmale, Bestimmung der Eingangsdaten: Durch die Auswahl geeigneter Sachmerkmale erfolgt die Anpassung an den jeweiligen Anwendungsfall.

Ermittlung der Distanzmatrix: Aus den Ausprägungen der einzelnen Merkmale wird anhand einer auszuwählenden Distanzfunktion das Distanzmaß zwischen allen Objekten im n-dimensionalen Merkmalraum ermittelt. Das Ergebnis dieses Vorgangs ist eine Dreiecksmatrix, deren Rang der Elementezahl entspricht und die den "Abstand" jedes Objekts zu allen anderen wiedergibt. Aufgrund der Auswirkungen unterschiedlicher Skalierungen einzelner Achsen des Merkmalraums auf das Ergebnis, ist eine Normierung der Merkmalsausprägungen unverzichtbar. Diese Abhängigkeit kann durch die Einführung von Gewichtungsfaktoren dazu verwendet werden, eine Anpassung des Ergebnisses an bestimmte Anwendungsfälle zu erzielen.

Klassen- oder Clusterbildung: Aus der Distanzmatrix werden nun nach einem zu wählenden mathematischen Verfahren die Klassen ermittelt. Man kann grundsätzlich zwei Vorgehensweisen unterscheiden. Die hierarchischen Verfahren untergliedern sukzessive die Gesamtmenge aller Objekte, bis eine Hierarchie von Elementen und Elementegruppen entsprechend ihrer Ähnlichkeit entsteht. Bei der disjunkten Gruppierung werden, ausgehend von einer vorgegebenen Anzahl von Klassen mit willkürlicher Zusammensetzung, so lange Elemente zwischen den Klassen ausgetauscht, bis die Homogenität innerhalb der Klassen ein Maximum erreicht hat. Das Ergebnis beider Ansätze ist eine Untergliederung der Objektmenge in Teilmengen im Sinne der oben dargestellten Zielsetzung.

3.5.3 Anwendung

Wesentliche Arbeiten bezüglich des Einsatzes der Clusteranalyse für die Ähnlichteilsuche wurden von FREIST & GRANOW (1982A, S. 414-421; 1982B, S. 487-495; FREIST 1985; GRANOW 1984; TÖNSHOFF U. A. 1984, S. 598-603) bei der Entwicklung der Systeme CLASSIC und CLASMAX geleistet. Im Rahmen ihrer Arbeiten wurden auch verschiedene Methoden zur Reduzierung des teilweise enormen Rechenzeitbedarfs angewandt. Aufbauend auf diesen Arbeiten, wurde eine Funktion zur Ähnlichteilsuche in ein elementorientiertes CAD-System integriert, das den Konstrukteur bei der wiederholten Nutzung vorhandener Daten unterstützen soll (TÖNSHOFF U. A. 1987, S. 52-57). GRANOW (1984) zeigt in seiner Arbeit die Einsatzmöglichkeit der Clusteranalyse für die Strukturanalyse umfangreicher Werkstückspektren auf. HESSELMANN (1988) beschäftigt sich in diesem Zusammenhang insbesondere mit der Erfassung und Verarbeitung der erforderlichen Datenbasis.

Das System AEPLAN (WEULE & MÖCKESCH 1986, S. 93-96) ermöglicht die erneute Nutzung von vorhandenen NC-Steuerinformationen bei der Neupro-grammierung. Es greift hierbei auf Methoden der Clusteranalyse zurück.

Den Einsatz verschiedener Verfahren - u.a. der Clusteranalyse - für die Teile-familienbildung untersucht GÖTTKER (1990).

VRDOLJAK-SALAMON (1983) analysiert die Möglichkeiten der B_K-Clusterung zur Suche in großen, textgebundenen Datenbeständen, z.B. in Dokumentenarchiven. Diese spezielle Methode der Clusteranalyse erreicht durch eine verdichtete Form der Distanzmatrix eine höhere Verarbeitungsgeschwindigkeit.

3.5.4 Bewertung

Die Stärken der Clusteranalyse liegen zum einen in der automatischen Verarbeitung großer Datenmengen und zum zweiten in der mehrdimensionalen Betrachtung der einzelnen Objekte. Das Verfahren kann so eine große Objektmenge, deren innere Struktur nicht bekannt ist, in Teilmengen untergliedern und dadurch die Übersichtlichkeit verbessern. Es erscheint prinzipiell auch geeignet, Ansatzpunkte für Standardisierungsvorhaben zu liefern, indem Ähnlichkeiten innerhalb des Teilespektrums aufgedeckt werden.

Die Clusteranalyse setzt die Beschreibung über einheitliche und voneinander unabhängige Sachmerkmale voraus, um dann eine heterogene Objektmenge in homogene Klassen zu zerlegen. Diese Gliederung kann jedoch nur für die Fälle erfolgen, die sich über entsprechend unterschiedliche Merkmalausprägungen detektieren lassen. Äußert sich die Heterogenität nicht über diese Ausprägungen, sondern über das Vorhandensein bzw. Fehlen einzelner Merkmale, also in einer heterogenen Merkmalstruktur, so kann dieses Verfahren keine befriedigenden Ergebnisse liefern. Es wäre also notwendig, vor der Clusteranalyse eine Klassifizierung und damit eine Homogenisierung der Merkmalstrukur durchzuführen. Hierdurch würden Teile des angestrebten Ergebnisses dieses Verfahrens - homogene Klassen - jedoch vorweggenommen und außerdem die umfangreichen Nachteile der Klassifizierung übernommen.

FREIST & GRANOW (1984A, S. 418) fordern das Vorhandensein einer hohen Zahl gleichartiger Elemente. Dieses Kriterium ist für ein typisches Teilespektrum jedoch nur bei einer groben Betrachtung mit niedrigem Detaillierungsgrad erfüllt. Vor dem Hintergrund der in der Einführung beschriebenen hohen Komplexität moderner Produkte und der deshalb notwendigen detailgenauen Beschreibung erscheint dieses Verfahren nicht in ausreichendem Maße geeignet.

Die Clusteranalyse ist auf die Verarbeitung kontinuierlicher Merkmale wie beispielsweise Längenangaben ausgerichtet. Für diskrete Merkmale wie Werkstoffinformationen ist das Verfahren nur begrenzt einsetzbar, da beispielsweise der Abstand zwischen St52 und 17CrNiMo6 nicht exakt quantifiziert werden kann.

Trotz verschiedener Methoden zur Reduzierung der erforderlichen Rechenzeit ist die Clusteranalyse für einen Anwendungsfall im Sinne der Aufgabenstellung nicht geeignet. Die Anzahl der zu verarbeitenden Merkmale und die großen Teilezahlen stehen dem entgegen.

Durch die Möglichkeit der unterschiedlichen Gewichtung einzelner Merkmale kann Einfluß auf das Ergebnis genommen werden. Für eine spezifische Suche nach Ähnlichkeiten innerhalb einer Menge komplexer Elemente müßte gerade diese Option häufig - u. U. bei jeder Suche - genutzt werden. Eine Neudefinition dieser Gewichtungen für jeden Suchvorgang kann jedoch aufgrund des hohen

Zeitaufwandes für die Berechnung unter wirtschaftlichen Gesichtspunkten nicht sinnvoll sein.

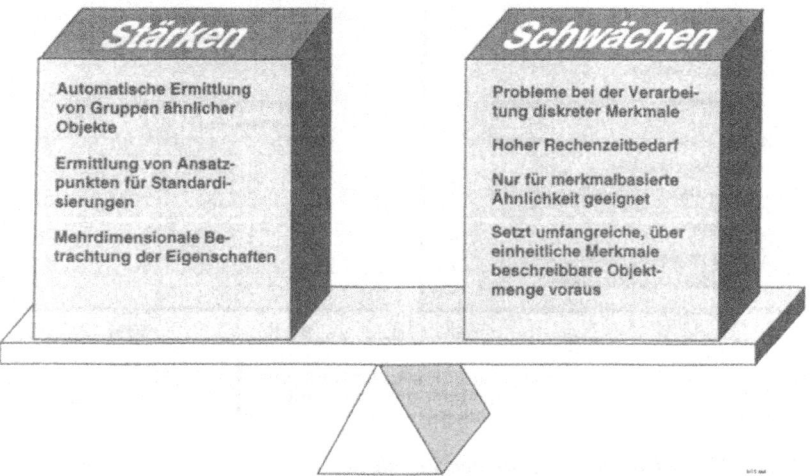

Bild 3-11: Stärken und Schwächen der Clusteranalyse

3.6   Defizite der dargestellten Ansätze

Die Bewertung der vorgestellten Beschreibungsmethoden und der darauf basierenden Werkzeuge muß vor dem Hintergrund der doppelten Zielsetzung dieser Arbeit erfolgen - zum einen der Ähnlichteilsuche und zum anderen der Unterstützung von Standardisierungsvorhaben. Nachfolgend werden die wesentlichen Defizite der beschriebenen Verfahren nochmals zusammenfassend dargestellt (Bild 3-12).

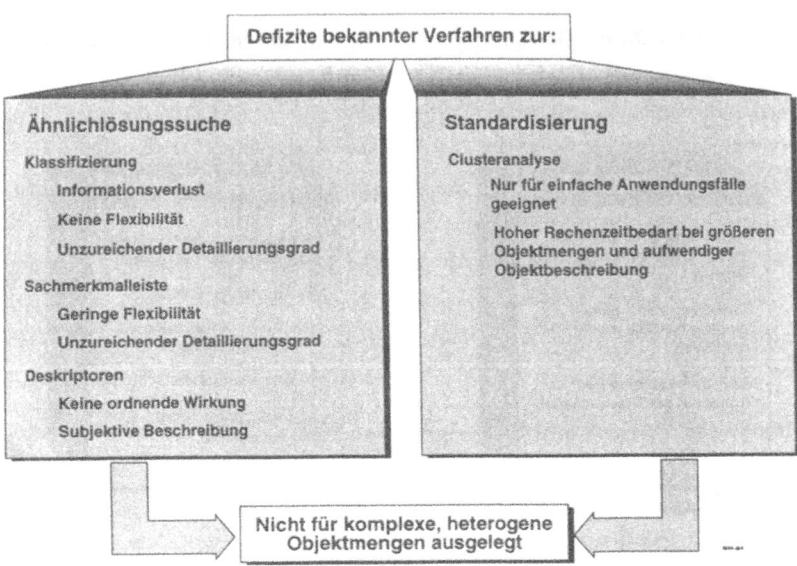

Bild 3-12: Defizite der vorgestellten Verfahren

Hinsichtlich der Ähnlichteilsuche stellt keine der vorgestellten Methoden zur Objektbeschreibung eine optimale Lösung dar. Jede Methode und damit auch jede darauf basierende Anwendung verfügt über eine Reihe von Stärken, jedoch auch über eine Reihe entscheidender Nachteile. Eine insgesamt befriedigende Lösung für die Unterstützung der Ähnlichteilsuche im Sinne der Problemstellung ist bislang nicht gefunden.

Insbesondere die Anforderungen, die ein komplexes, heterogenes Teilespektrum an die Objektbeschreibung stellt, werden von keinem der vorgestellten Verfahren in ausreichendem Maße erfüllt. Die starre Beschreibungsstruktur der Sachmerkmalleisten sowie der Informationsverlust bei der Klassifizierung stehen einer detaillierten und flexiblen Objektbeschreibung entgegen. Die unstrukturierte Beschreibung über Deskriptoren wiederum kann die Anforderung hinsichtlich der Strukturierung des Objektspektrums nicht erfüllen und scheidet damit aus. So können Objekte nur auf vergleichsweise grobem Detaillierungsgrad abgebildet werden. Die detailgenaue, problemspezifische Beschreibung komplexer

Werkstücke ist nicht möglich. Entsprechend kann auch nur eine grobe und wenig aufgabenspezifische Suche durchgeführt werden.

Die fehlende Flexibilität der einzelnen Verfahren bedingt darüber hinaus eine unzureichende Anpassungsfähigkeit an veränderliche technische und organisatorische Randbedingungen. Die Folge ist ein fortschreitendes Veralten des Systems mit der Notwendigkeit, in periodischen Abständen eine Aktualisierung auf Kosten eines partiellen Verlustes der Datenbasis durchzuführen.

Hinsichtlich der Unterstützung der Standardisierung bietet die Clusteranalyse einen interessanten Ansatz. Jedoch können mit Hilfe dieses Verfahrens nur merkmalbasierte Ähnlichkeiten ermittelt werden, die aus der expliziten Objektbeschreibung auf der Basis einheitlicher Sachmerkmale hervorgehen. Leiten sich Ähnlichkeiten aus anderen Merkmalen und Eigenschaften her, die durch eine Objektbeschreibung nicht erfaßt werden können, so versagt das Verfahren. Die Clusteranalyse ist aufgrund der durch die Rechenzeit begrenzten Anzahl an Parametern und der unzureichenden Möglichkeit, diskrete Werte zu verarbeiten, nur für einfachere Anwendungsfälle einzusetzen. Ähnlichkeiten innerhalb eines komplexen, zunächst ungeordneten Teilespektrums können nicht in befriedigender Qualität erkannt werden.

3.7   Ableitung des Handlungsbedarfs

Voraussetzung für eine erfolgreiche Ähnlichteilsuche ist eine geeignete Methode zur Objektbeschreibung, die eine detaillierte, problemspezifische Charakterisierung der betrachteten Objekte gewährleistet. Ein Beschreibungsverfahren ist so zu entwickeln, daß es den Anforderungen, die ein komplexes, heterogenes Teilespektrum stellt, gerecht werden kann. Aufbauend auf dieser Objektbeschreibung, sind dann Funktionen zu implementieren, die die Datenpflege, die Ähnlichteilsuche und die Verwaltung des Systems sicherstellen.

Entscheidend für die Entwicklung standardisierter Lösungen ist das Wissen über wiederkehrende, immer ähnliche Problemstellungen, die über einheitliche Standardlösungen bzw. über parametrisierte Lösungen abgedeckt werden können.

Ein Ansatz besteht in der Analyse vorhandener Lösungen mit dem Ziel, tatsächliche Ähnlichkeiten innerhalb der Lösungsmenge zu erkennen. Es ist deshalb eine Methode zu entwickeln, die die Transparenz der Lösungsmenge erhöht und das Ermitteln und Auswerten tatsächlicher Ähnlichkeiten innerhalb der Lösungsmenge gewährleistet.

4 Anforderungen an ein System zur Ähnlichlösungssuche und Standardisierung

4.1 Einführung

Ein System, das die Wiederverwendung vorhandener Lösungen sowie die Schaffung von Standardisierungen unterstützt, muß einer Reihe von Anforderungen genügen.

Zu unterscheiden sind hierbei

- Anforderungen an die funktionalen Eigenschaften des Systems,

- Anforderungen an die Wirtschaftlichkeit des Systems,

- Anforderungen an die systemtechnische und ablauforganisatorische Einbindung sowie

- Anforderungen an die Benutzerschnittstelle.

Bild 4-1: Anforderungen an das System

Auf diese Anforderungen soll nachfolgend genauer eingegangen werden.

4.2   Anforderungen an die funktionalen Eigenschaften des Systems

Diese Anforderungen betreffen die technische Ausführung des zu schaffenden Systems. Ihre Umsetzung verfolgt die Absicht einer hohen technischen Zielerfüllung. Dies bedeutet bezüglich des reinen Suchvorgangs eine möglichst hohe Trefferquote und hinsichtlich der Unterstützung von Standardisierungen die lückenlose Ermittlung von Anhäufungen zueinander ähnlicher Teile.

Voraussetzung für eine erfolgreiche und effektive Suche ist eine detaillierte Objektbeschreibung, die verschiedenen an sich gegenläufigen Ansprüchen gerecht werden sollte. Sie muß die Möglichkeit der Strukturierung der Objektmenge bieten, sie sollte durch eine ausreichende Einheitlichkeit eine entsprechende Vergleichbarkeit der Objekte ermöglichen und darüber hinaus eine fallspezifische Beschreibung von hohem Detaillierungsgrad gewährleisten.

Weiterhin muß die Objektbeschreibung über eine ausreichende Flexibilität verfügen, um Veränderungen im Spektrum der betrachteten Objekte und in den äußeren Randbedingungen, wie beispielsweise im organisatorischen Umfeld, abpuffern zu können. Veränderungen und Ergänzungen der Objektbeschreibung müssen ohne Datenverlust realisierbar sein.

Trotz einer detaillierten und somit umfangreichen Objektbeschreibung muß das System in der Lage sein, eine große Anzahl von Objekten abzubilden und zu verwalten. Als Randbedingung sind hier die Teilezahlen typischer Maschinenbauunternehmen zu nennen. Das Veralten von Informationen führt meist zur Bildung von "Datenfriedhöfen". Entsprechende Funktionen sollten die Aktualität der Informationen sicherstellen.

Neben der Objektbeschreibung ist eine leistungsfähige Suchfunktion die zweite wesentliche Voraussetzung für einen hohen Wirkungsgrad eines Suchsystems. Je komplexer die betrachteten Objekte sind, desto wichtiger ist die Möglichkeit, die Suchbedingung flexibel zu formulieren. Da zu erwarten steht, daß ein optimales Ergebnis nicht bereits im ersten Versuch gefunden werden kann, ist die

Ausbildung einer schrittweisen Suchfunktion, die ein "Herantasten" an das gewünschte Ergebnis gestattet, notwendig.

Eine schrittweise Suche setzt voraus, daß die Ergebnisse der einzelnen Suchschritte visualisiert und bewertet werden können. Von besonderer Bedeutung ist hierbei die Möglichkeit, schnell die Übereinstimmungen und die Unterschiede zwischen Ausgangsteil und vorgeschlagenem Ähnlichteil zu verdeutlichen.

Über die Suche nach ähnlichen Objekten hinaus soll das System auch Standardisierungsbemühungen unterstützen, indem die Transparenz des Spektrums der betrachteten Objekte verbessert wird und Gruppen ähnlicher Objekte identifiziert werden können. Diese Gruppen müssen verwaltet und auf aktuellem Stand gehalten werden können. Verschiedenartige Auswertungen müssen Aussagen über den Charakter der einzelnen Gruppen erlauben und so die zugrundeliegenden Ähnlichkeiten verdeutlichen.

4.3   Anforderungen an die Wirtschaftlichkeit des Systems

Die Entscheidung über den Einsatz eines Systems zur Ähnlich- und Wiederhollösungssuche wird anhand des Aufwand-Nutzen-Verhältnisses getroffen. Den Einsparungen im Planungsbereich durch die Verwendung vorhandener Planungsunterlagen und durch die Schaffung von standardisierten Lösungen steht ein zusätzlicher Aufwand im Rahmen der erforderlichen Datenpflege und bei der Durchführung der Suche entgegen.

Die erforderliche Dateneingabe und -pflege sowie der Suchvorgang sind deshalb möglichst effektiv zu gestalten und manuelle Tätigkeiten, soweit sinnvoll, zu eliminieren. In diesem Zusammenhang ist auch die Nutzung bereits vorhandener Daten auf anderen Systemen zu prüfen.

4.4   Anforderungen an die systemtechnische und ablauforganisatorische Einbindung des Systems

Informationssysteme dieser Art werden häufig als Stand-Alone-Systeme ausgeführt, ohne den Bezug zu anderen Rechnerwerkzeugen. Ein effektiver Einsatz ohne Anbindung an ein Gesamtsystem ist in den meisten Fällen nicht möglich. Ein System zur Ähnlich- oder Wiederhollösungssuche muß deshalb über entsprechende Schnittstellen verfügen und somit den Zugriff auf andere Datenbasen ermöglichen.

Ablauforganisatorisch ist die Dateneingabe und der Suchvorgang als fester Bestandteil in die bisherigen Abläufe einzubinden. Da es nicht praktikabel erscheint, die Nutzung des Systems durch systemtechnische Maßnahmen zu erzwingen, muß durch motivierende Maßnahmen die Akzeptanz erhöht und der Nutzen dieses Werkzeugs transparent gemacht werden.

Ein Suchsystem dient als Navigationsmittel zur gezielten Ermittlung einzelner Objekte in einer kaum überschaubaren Lösungsmenge. Es benötigt einerseits eine aktuelle, vollständige Datenbasis ausgewählter Merkmale über alle im Lösungsarchiv enthaltenen Objekte. Andererseits muß zur Ergebnisverifikation ein direkter Zugriff auf die vollständigen Daten der Elemente im Lösungsarchiv sichergestellt sein. Durch die Nutzung entsprechender Datenschnittstellen ist somit eine Übernahme vorhandener Objektdaten aus anderen Systemen zur teil- bzw. vollautomatischen Datenerfassung erforderlich. Zur Verifikation der ermittelten Suchergebnisse muß über Schnittstellen auf die gefundenen Objekte im Lösungsarchiv zugegriffen werden können. Ein weiterer Aspekt ist die Einbindung des Systems in die Benutzeroberfläche bestehender Anwendungen, wie beispielsweise CAD- oder PPS-Systeme.

4.5   Anforderungen an die Benutzerschnittstelle

Informationssysteme dienen nicht zur direkten Verarbeitung von Informationen, sondern unterstützen diese durch die Bereitstellung wesentlicher Angaben. Die Nutzung dieser Systeme ist deshalb in der Regel nicht zwingend erforderlich, um ein bestimmtes Arbeitsergebnis zu erhalten. So kann der Konstrukteur auf die Ähnlichteilsuche verzichten und statt dessen ein Teil neu konstruieren. Er hat sein Ziel auch ohne Informationssystem erreicht, womöglich jedoch mit einem höheren Aufwand. Ein entscheidender Aspekt beim Einsatz derartiger Systeme ist deshalb die Motivation der Mitarbeiter. Eine wesentliche Anforderung an das System, die zur Steigerung der Akzeptanz beitragen kann, ist deshalb eine sinnvoll ausgestaltete Benutzerschnittstelle. Eine entsprechende Benutzerführung, die übersichtliche Darstellung der Informationen und eine ausreichende Performance des Systems sind von besonderer Bedeutung. Angestrebt werden sollte eine Gestaltung der Systemoberfläche derart, daß der Bediener intuitiv ohne großes Hintergrundwissen alle wesentlichen Funktionen bedienen kann.

4.6   Zusammenfassung der Anforderungen

Bild 4-2 zeigt eine Zusammenfassung der wesentlichen allgemeinen Anforderungen an das System.

Anforderung	Priorität
Verwaltung großer Objektmengen	Muß
Detaillierte, leistungsfähige und flexible Objektbeschreibung	Muß
Flexible Suchfunktion und komfortable Ergebniskontrolle	Muß
Clusterung ähnlicher Elemente und Verwaltung der Cluster	Muß
Kurze Antwortzeiten, hohe Wirtschaftlichkeit	Muß
Ablauforganisatorische und systemtechnische Einbindung	Muß
Leistungsfähige Benutzerschnittstelle	Wunsch

Bild 4-2: Anforderungsliste

5 Grobkonzeption

5.1 Einführung und Abgrenzung des Einsatzbereichs

Aufbauend auf dem in den vorangegangenen Kapiteln dargestellten Handlungsbedarf und den allgemeinen Anforderungen an das System, wird nun das Grobkonzept vorgestellt. Zunächst wird der Einsatz im betrieblichen Umfeld aus Anwendersicht skizziert und hieraus die optimale Gestaltung des Gesamtsystems abgeleitet. Dabei werden der Gesamtaufbau des Systems und die einzelnen Systembausteine und Komponenten kurz charakterisiert und die Entscheidungswege, die zur letztendlichen Gestaltung geführt haben, verdeutlicht. Weiterhin wird die Integration des Systems in das betriebliche Umfeld dargestellt.

Bei dem zu konzipierenden System stehen in erster Linie die beiden Ziele - die optimale Umsetzung der Funktionen zur Ähnlichteilsuche sowie die Unterstützung der Standardisierung - im Vordergrund. Das System soll einerseits einen sicheren und schnellen Zugriff auf vorhandene Planungsdaten gewährleisten. Zentrale Aspekte sind hierbei die Schaffung einer optimalen Objektbeschreibung und die effektive Gestaltung der Suchfunktion. Andererseits soll durch die Erkennung und Abbildung von Ähnlichkeiten innerhalb des Objektspektrums die Möglichkeit geschaffen werden, Gruppen ähnlicher Objekte und damit Ansatzpunkte für Standardisierungen zu ermitteln. Im Mittelpunkt stehen hierbei die Abbildung und die Auswertung von Ähnlichkeitsbeziehungen.

Das System zielt nicht auf einfache, bereits standardisierte Objektmengen, wie z.B. Werkzeuge oder Normteile, kann jedoch auch für diese Anwendungen genutzt werden. Es ist insbesondere für komplexe, nur schwer zu kategorisierende Elemente gedacht, wie sie beispielsweise in Teilespektren typischer Maschinenbauunternehmen gefunden werden können. In diesem Zusammenhang soll kein "Automatismus um jeden Preis" entwickelt werden, sondern durch eine sinnvolle Aufgabenverteilung zwischen System und Benutzer eine optimale Lösung gefunden werden.

Die Nutzung vorhandener Daten aus anderen Systemen bzw. die automatische Generierung der Datenbasis des Suchsystems aus verteilten Quellen, insbesondere aus CA-Systemen, kann den erforderlichen Eingabeaufwand erheblich verringern und stellt damit ein wesentliches Rationalisierungspotential dar. Die Konzeption und Realisierung derartiger Schnittstellen wurde bereits an anderer Stelle umfassend behandelt (HESSELMANN 1988, S. 35-62) und ist nicht Kernpunkt der nachfolgenden Betrachtungen, wird jedoch bei der Konzeption berücksichtigt.

5.2   Einsatz im betrieblichen Umfeld

5.2.1   Die Ähnlichteilsuche in der Prozeßkette

Ein System zur Ähnlichteilsuche verfolgt das primäre Ziel, den Planungsaufwand zu reduzieren, indem durch eine entsprechende Transparenzsteigerung die Nutzung bereits vorhandener Lösungen ermöglicht wird. Das wichtigste Anwendungsgebiet besteht im Fertigungsvorfeld in den Bereichen Konstruktion und Arbeitsplanung. Aber auch in anderen Bereichen, wie z.B. im Vertrieb, ist der Einsatz dieses Systems denkbar und durchaus sinnvoll.

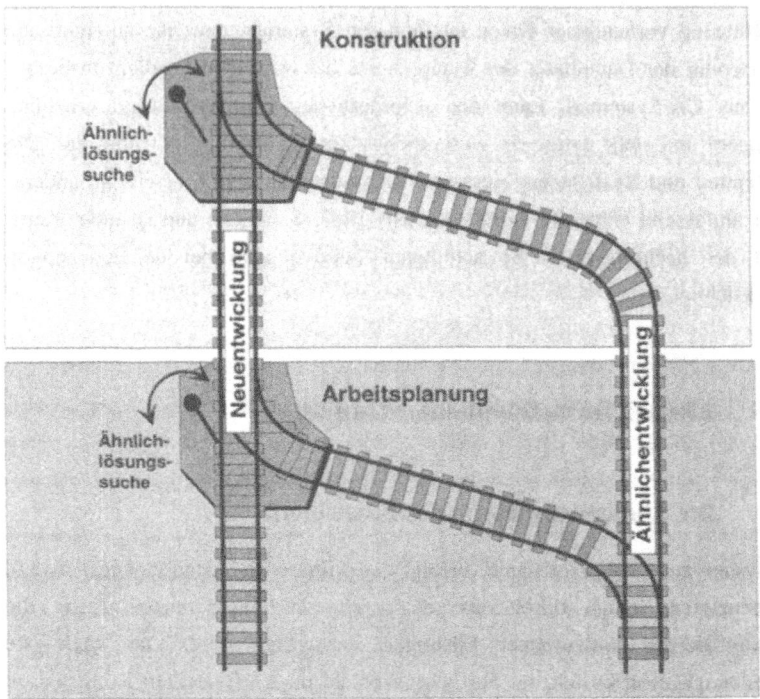

Bild 5-1: Die Ähnlichteilsuche in Konstruktion und Arbeitsplanung

Durch das Weiterreichen von Erkenntnissen über vorhandene Ähnlichlösungen entlang der Prozeßkette (Bild 5-1) kann eine nachhaltige Verbesserung der Effizienz erreicht werden. Kann der Konstrukteur ein ähnliches Teil finden und damit eine Neukonstruktion vermeiden, so hilft diese Information auch dem Arbeitsplaner, einen ähnlichen Arbeitsplan zu finden und somit ebenfalls seinen Planungsaufwand zu reduzieren. Entlang der Prozeßkette sollte daher bei jeder Informationsverarbeitungsstufe der Versuch unternommen werden, mit Hilfe des Ähnlichteilsuchsystems von der Schiene "Neuentwicklung" auf die Schiene "Ähnlichentwicklung" zu wechseln. Je früher dies gelingt, desto größer ist der Einsparungseffekt.

Die Nutzung des Suchsystems entlang der Prozeßkette erfordert die Berücksichtigung der unterschiedlichen Anforderungen aus den einzelnen Bereichen. Jeder dieser Bereiche hat ein eigenes Aufgabenfeld und eine spezifische Sicht auf das Produkt. Entlang der Prozeßkette werden so unterschiedliche produktbezogene Informationen gewonnen und auf verschiedenen papier- oder EDV-gestützten Dokumenten archiviert (Bild 5-2).

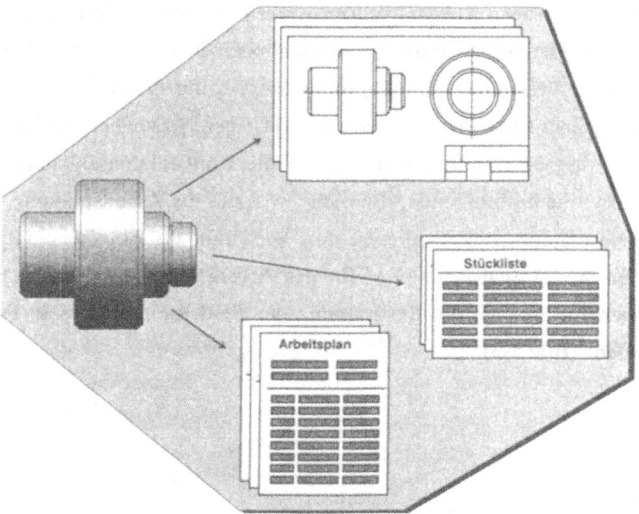

Bild 5-2: Produktbezogene Dokumentation

Wesentliche Ergebnisse des Konstruktionsprozesses sind Stücklisten und Konstruktionszeichnungen. Aus der Arbeitsplanung gehen Arbeitspläne, NC-Programme, Betriebsmittelkonstruktionen usw. hervor. Während der Konstrukteur eher eine funktionsorientierte Sicht auf das Produkt hat, orientiert sich der Arbeitsplaner vorrangig an Aspekten der Produktion. Aus diesen unterschiedlichen Sichten auf das Produkt ergeben sich wesentliche Anforderungen an das System. Die Eigenschaften, auf denen eine Ähnlichkeit hinsichtlich der Funktion beruht, haben unter Umständen keinen Einfluß auf Ähnlichkeiten im Produktionsprozeß und umgekehrt. Das System muß diesem Umstand gerecht werden und jedem

Bereich die Möglichkeit bieten, durch eine spezifische Konfiguration der Objektbeschreibung seine produktbezogene Sicht auf des System abzubilden.

5.2.2 Ergebnis- und aufgabenstellungsbezogene Beschreibung

Wesentliche Aufgabe der indirekten Bereiche im Fertigungsvorfeld ist die Verarbeitung von Informationen. Aus Eingangsinformationen werden durch Verarbeitungsprozesse Ausgangsinformationen gewonnen, die in nachgelagerten Bereichen wiederum als Eingangsinformationen dienen können (SCHÄFER H. 1990, S. 12). Wesentliche Eingangsinformationen für die Konstruktion sind die Anforderungen an das Produkt, die meist in einem Lastenheft zusammengefaßt sind. Als Ausgangsinformationen werden die Konstruktionszeichnung und die Stückliste an die nachfolgenden Bereiche, wie z.B. die Arbeitsplanung, weitergereicht. Diese Informationen dienen dort wiederum als Eingangsinformationen. Sie stellen die "Aufgabenstellung" für den Arbeitsplaner dar. Ausgangsinformation seiner Tätigkeit ist die Bestimmung des Produktionsablaufs in Form eines Arbeitsplans (Bild 5-3).

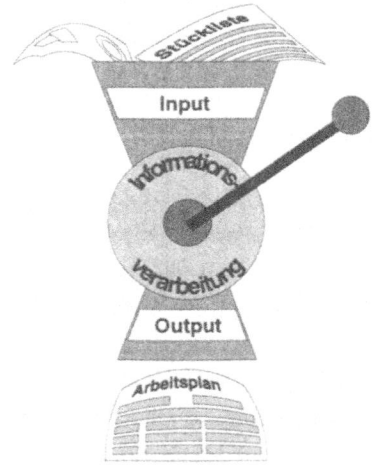

Bild 5-3: Informationsverarbeitung in der Arbeitsplanung

Bei der Ähnlichteilsuche wird nach dem Ergebnis des Informationsverarbeitungsprozesses gesucht, im Beispiel Arbeitsplanung nach dem Arbeitsplan, indem eine Suchbedingung erzeugt und mit den gespeicherten Beschreibungen der einzelnen archivierten Lösungen verglichen wird. Für die Objektbeschreibung ergeben sich hieraus grundsätzlich zwei Alternativen. Im folgenden wird hierbei unterschieden in

- die *ergebnisbezogene* und

- die *aufgabenstellungsbezogene* Objektbeschreibung.

Bei der *ergebnisbezogenen* Beschreibung wird die archivierte Lösung, also das Endergebnis des jeweiligen Prozesses, direkt über ihre Eigenschaften umschrieben. Für die Arbeitsplanung sind dies Informationen über den Inhalt des Arbeitsplans, wie z.B. die Abfolge der Produktionsschritte, die ausgewählten Bearbeitungsmaschinen oder verwendete Betriebsmittel.

Die *aufgabenstellungsbezogene* Objektbeschreibung setzt früher an und umschreibt nicht das Objekt der Ähnlichteilsuche direkt, sondern im Gegensatz hierzu die zugrundeliegende "Aufgabenstellung", also die Eingangsinformationen des betreffenden Informationsverarbeitungsprozesses. Bezogen auf die Arbeitsplanung sind dies Informationen, die sich direkt aus den Angaben über Roh- und Fertigteil ableiten lassen.

Der wesentliche Vorteil der aufgabenstellungsbezogenen Beschreibung besteht in der Möglichkeit, bereits zu einem sehr frühen Zeitpunkt auf der Basis der Eingangsinformationen eine Ähnlichteilsuche vorzunehmen. Der Einsparungseffekt ist deshalb bei diesem Vorgehen sehr hoch. Voraussetzung ist jedoch, daß ähnliche Eingangsinformationen zu ähnlichen Endergebnissen führen und hierbei keine "Singularitäten" im weitesten Sinne auftreten.

Die ergebnisbezogene Objektbeschreibung ermöglicht eine Ähnlichteilsuche erst dann, wenn wesentliche Informationen über das Endergebnis bereits vorliegen, also der Informationsverarbeitungsprozeß zumindest teilweise bereits durchlaufen wurde. Das Einsparungspotential ist demnach eingeschränkt und reduziert sich im wesentlichen auf die Vermeidung des Editieraufwandes.

Bei einer Betrachtung der Prozeßkette unter dem Aspekt der unterschiedlichen Objektbeschreibungen kann erkannt werden, daß die aufgabenstellungsbezogene Objektbeschreibung einer Instanz gleichzeitig der ergebnisbezogenen Objektbeschreibung der vorgelagerten Instanz entspricht. Für die Gestaltung des Systems wird die aufgabenstellungsbezogene Objektbeschreibung bevorzugt.

Nachdem der Einsatz des Systems im betrieblichen Umfeld skizziert wurde und hieraus Anforderungen an das System abgeleitet werden konnten, wird im Folgenden auf die Gestaltung der Objektbeschreibungssystematik und die einzelnen Systembausteine eingegangen. Zunächst wird die Ähnlichteilsuche behandelt. Die zweite Zielsetzung der Arbeit, die Unterstützung von Standardisierungsvorhaben, wird in Kapitel 5.4.4 angesprochen.

5.3   Objektbeschreibungssystematik

Voraussetzung für eine erfolgreiche Suche nach vorhandenen Planungsinformationen ist eine leistungsstarke Beschreibungssystematik, die eine detaillierte Charakterisierung der archivierten Objekte ermöglicht. Keines der in Kapitel 3 dargestellten Verfahren ist hinsichtlich der Anforderungen aus der Aufgabenstellung für sich alleine genommen optimal. Der Versuch der Einführung eines grundlegend neuen Beschreibungsverfahrens erscheint jedoch wenig erfolgversprechend. Als tragfähigster Lösungsansatz für eine geeigenete Objektbeschreibungssystematik verbleibt somit lediglich eine sinnvolle Kombination bekannter Verfahren derart, daß sich ihre Stärken gegenseitig ergänzen und so die vorhandenen Schwächen ausgeglichen werden.

Eine wesentliche Anforderungen ist ein hoher Detaillierungsgrad der Objektbeschreibung, der eine fallspezifische Charakterisierung der einzelnen Objekte erlaubt bei gleichzeitig hoher Anpassungsfähigkeit an Veränderungen im Umfeld. Dieser Anforderung entspricht in hohem Maße die Objektbeschreibung über Deskriptoren. Sie gestattet einerseits die detailgenaue Umschreibung relevanter Eigenschaften der Objekte und kann andererseits durch die hohe Modifizierbarkeit der Dokumentationssprache an beliebige Veränderungen angepaßt werden. Die Nachteile dieses Verfahrens sind in der Subjektivität der Beschreibung zu sehen, die zu Uneinheitlichkeiten führen kann, und in der unzureichenden Möglichkeit, kontinuierliche Merkmale, wie z.B. Längen oder Durchmesserangaben, sinnvoll zu verarbeiten. So kann beispielsweise die Suche nach Durchmesserbereichen über Deskriptoren nicht sinnvoll abgewickelt werden.

Die beschriebenen Nachteile können durch eine sachmerkmalgestützte Beschreibung ausgeglichen werden. Die starre Beschreibungssystematik garantiert eine ausreichende Einheitlichkeit. Die Abbildung und Verarbeitung kontinuierlicher Merkmale ist problemlos möglich. Der Einsatz von Sachmerkmalen ist somit erforderlich, um die Schwächen der deskriptorgestützten Beschreibung auszugleichen, bringt jedoch wiederum neue Nachteile mit sich. Voraussetzung für die sachmerkmalgestützte Beschreibung ist eine ausreichende Homogenität der Objektmenge. Jedes ausgewählte Sachmerkmal muß für jedes Element der Objektmenge sinnvoll sein. Es sind deshalb Gegenstandsgruppen ausreichender Homogenität zu bilden.

Dies führt zum dritten Verfahren, der Klassifizierung. Durch die Untergliederung einer heterogenen Menge in homogene Untergruppen wird die Voraussetzung geschaffen für den Einsatz von Sachmerkmalstrukturen. Gleichzeitig wird der Nachteil einer deskriptorgestützten Beschreibung hinsichtlich unzureichender Strukturierung der Objektmenge abgefangen. Die Klassifizierung verfügt über eine Reihe entscheidender Nachteile, die sich im wesentlichen aus ihrer niedrigen Flexibilität ergeben. Bei der Gestaltung des Systems ist deshalb sicherzustellen, daß die Merkmale, die zum Aufspannen der Klassenstruktur Verwendung finden, keiner zeitlichen Veränderung unterliegen und somit nicht zum Veralten des Systems beitragen. Eine detailliertere Beschreibung der Regeln für die Nutzung der Beschreibungssystematik findet sich in Kapitel 6.1.5.

In Bild 5-4 sind die Anforderungen an die Objektbeschreibung den Eignungsprofilen der verfügbaren Verfahren gegenübergestellt.

Anforderungen an die Objekt-beschreibung	Klassi-fizierung	Sach-merkmal	Deskrip-tor
Hoher Detaillierungsgrad	-	0	+
Hohe Flexibilität und Anpassungsfähigkeit	-	0	+
Abbildung kontinuierlicher Merkmale	-	+	-
Abbildung diskreter Merkmale	+	+	+
Einheitlichkeit / Eindeutigkeit der Beschreibung	+	+	-
Strukturierung / Homogenisierung der Objektmenge	+	-	-

Bild 5-4: Abgleich der Anforderungs- und Eignungsprofile

Aus den obigen Betrachtungen kann somit eine mehrstufige Beschreibungs-systematik abgeleitet werden, bei der die erfaßten Objekteigenschaften schicht-weise auf drei Ebenen verteilt werden. Jede der einzelnen Beschreibungsebenen ist hierbei auf besondere Anforderungen ausgerichtet, nutzt ein eigenes Beschrei-bungsverfahren und deckt gleichzeitig die Nachteile der Verfahren aus den anderen Schichten ab (Bild 5-5).

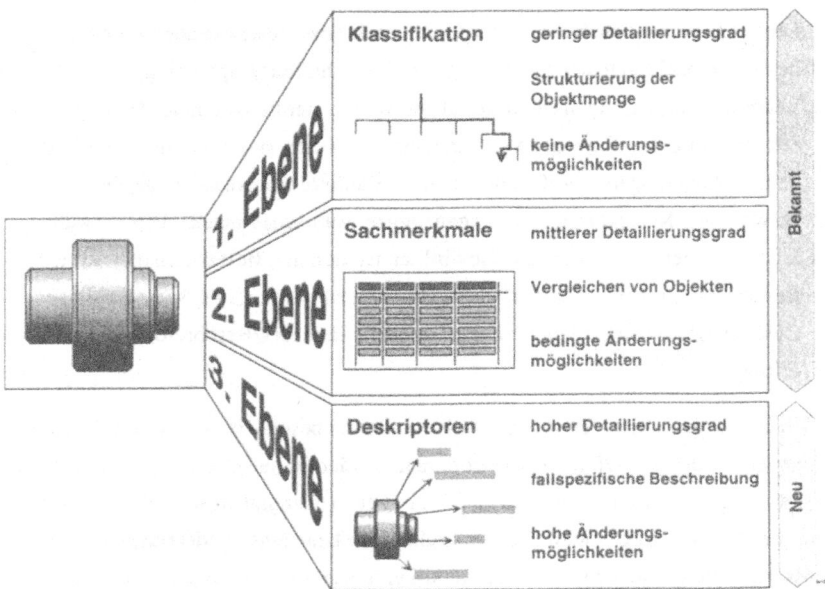

Bild 5-5: Die drei Ebenen der Objektbeschreibung

1. Aufgabe der ersten Beschreibungsebene ist die grobe Gliederung der Objektmenge und damit ihre rasche zahlenmäßige Eingrenzung, so daß auch die
   Verwaltung großer Objektmengen möglich ist. Als Beschreibungsmethode
   wird die Klassifizierung eingesetzt.

2. Die zweite Ebene dient zur einheitlichen Beschreibung aller in dieser Klasse
   eingeordneten Elemente. Die Beschreibung erfolgt über Sachmerkmale. Auf
   dieser Ebene werden die Objekteigenschaften festgehalten, die für alle
   Elemente einer Klasse Geltung haben. Beispielsweise machen die Attribute
   Durchmesser und Länge für jedes Drehteil Sinn. Insbesondere werden auch
   kontinuierliche Merkmale auf dieser Ebene verarbeitet.

3. Zur Sicherstellung ausreichender Differenzierungsmöglichkeiten und damit
   der fallspezifischen Beschreibung der einzelnen Objekte ist auf der dritten
   Ebene eine objektspezifische Beschreibung über Deskriptoren vorgesehen.

Diese Ebene wird auch der Anforderung nach einer ausreichenden Flexibilität bezüglich nachträglicher Ergänzungen der Beschreibungssprache gerecht. Die Bedeutung dieser Eigenschaft steigt mit dem Detaillierungsgrad der Objektbeschreibung an. Eine grobe, allgemein gehaltene Beschreibung unterliegt kaum Änderungen. Auf höchstem Detaillierungsniveau dagegen sind notwendige Korrekturen und Ergänzungen wahrscheinlicher. Die Gewährleistung einer ausreichenden Flexibilität ist deshalb Bestandteil der dritten Beschreibungsebene. Durch das Hinzufügen bzw. Löschen zulässiger Deskriptoren kann so jederzeit eine Modifikation der Beschreibungssprache erfolgen.

Jedes der eingesetzten Verfahren erfüllt somit eine besondere Aufgabe, die nicht durch ein anderes Verfahren übernommen werden kann. Die Reihenfolge der Ebenen ergibt sich einerseits aus der logischen Abhängigkeit der Ebenen zwei und drei von der festgelegten Klassenstruktur in Ebene eins. Andererseits spiegelt diese Aufteilung die Zunahme des Detaillierungsgrades der Objektbeschreibung von Ebene eins bis Ebene drei wider.

Der in den Ebenen eins und zwei gewählte Ansatz, Klassifikation und Sachmerkmale, entspricht somit der bereits bekannten und genormten Sachmerkmalleiste. Die Neuerung liegt in der ergänzenden, dritten Ebene, in der die Objektbeschreibung über Deskriptoren erfolgt.

5.4 Struktur des Systems

5.4.1 Übersicht

Das System gliedert sich entsprechend der zweifachen Zielsetzung und verschiedener hierzu erforderlicher Funktionsblöcke in mehrere Komponenten.

- Zur optimalen Unterstützung der Ähnlichteilsuche werden die Komponente zur Objekterfassung und

- die Komponente zur Suche und Ergebniskontrolle genutzt.

- Zur Sicherung der Konsistenz der Dokumentationssprache und zur aufgabenspezifischen Anpassung des Systems wird der Konfigurator eingesetzt.

- Im Modul zur Auswertung von Ähnlichkeitsbeziehungen wird die Unterstützung von Standardisierungen ermöglicht.

Einen Überblick über den groben Systemaufbau zeigt Bild 5-6. Die einzelnen
Anwendungen greifen über ein Datenbankmanagementsystem (DBMS) auf die
Objekt- und Konfigurationsdaten zu. In den nachfolgenden Kapiteln wird auf die
einzelnen Bausteine detailliert eingegangen.

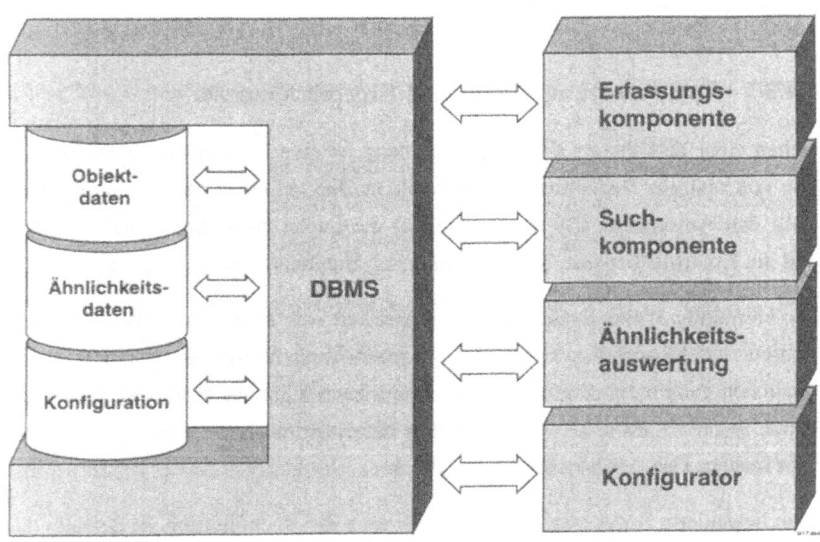

Bild 5-6: Struktur des Systems

5.4.2 Objekterfassungskomponente

In der Datenbasis des Suchsystems werden die Eigenschaften der archivierten
Lösungen verwaltet. Die Erfassung dieser Informationen wird über dieses Modul

realisiert. Es stellt somit die Benutzerschnittstelle für die Datenpflege dar. Die Objekterfassungskomponente muß hierbei den unterschiedlichen Sichten auf die einzelnen Objekte gerecht werden. Es gestattet den einzelnen Bereichen unabhängig voneinander, Informationen zu den einzelnen Objekten einzugeben.

Die Erfassungskomponente kann ergänzt bzw. ersetzt werden durch Schnittstellen zu anderen Systemen. Hierdurch kann eine voll- bzw. halbautomatische Generierung der Datenbasis erfolgen. Für die meisten Anwendungsfälle erscheint diese rechnergestützte Dateneingabe jedoch unrealistisch, da viele Informationen nicht explizit in verarbeitbarer Form vorliegen, sondern erst vom Bediener interpretiert werden müssen.

5.4.3   Komponente zur Suche und Ergebniskontrolle

Neben einer detaillierten Objektbeschreibung ist eine leistungsstarke Suchfunktion von zentraler Bedeutung für die Ähnlichteilsuche. Diese Systemkomponente stellt den Anwendern alle Funktionen für die Suche nach ähnlichen Lösungen und die Kontrolle der vom System ermittelten Ergebnisse zur Verfügung.

Die Gestaltung dieses Systembausteins orientiert sich an den Anforderungen der Bediener (siehe auch Kapitel 4). Bei typischen Ähnlichteilsuchsystemen muß die Suchbedingung manuell erzeugt werden und kann nicht aus bereits vorhandenen Daten generiert werden. Darüber hinaus unterstützen die meisten Systeme nur sehr bedingt eine flexible schrittweise Suche.

Von besonderer Bedeutung für die Ausführung der Suchfunktion ist deshalb die Sicherstellung einer möglichst hohen Effektifität durch die Vermeidung unnötiger Doppeleingaben und einer entsprechend hohen Flexibilität durch die Möglichkeit der schrittweisen Suche, die ein Herantasten an das optimale Ergebnis gewährleistet.

Das Suchsystem kann lediglich potentielle Ähnlichlösungen auf der Basis einer merkmalgestützten Ähnlichkeit vorschlagen. Die Entscheidung über die tatsächliche Ähnlichkeit im Sinne der Aufgabenstellung kann nur vom Bediener getroffen und nicht mit ausreichender Entscheidungssicherheit automatisiert werden. Zu diesem Zweck stellt das System Möglichkeiten zur Kontrolle der Ergebnisse zur Verfügung.

In Kapitel 6 wird detaillierter auf die Ausgestaltung dieser Funktion eingegangen.

5.4.4 Konfigurator

Ein System zur Ähnlichteilsuche läßt sich für verschiedene Anwendungsfälle innerhalb sehr unterschiedlicher Unternehmen einsetzen. Eine allgemeingültige Objektbeschreibung ist nicht realisierbar. Das System stellt deshalb zunächst eine neutrale Lösung dar, die vor dem aufgabenspezifischen Einsatz konfiguriert werden muß.

Diese Aufgabe erfüllt der Konfigurator. Er verwaltet die Dokumentationssprache. Über ihn werden die Klassen- und Sachmerkmalstruktur und die zulässigen Deskriptoren festgelegt. Die Konfiguration wird hierbei auf der Konfigurationsdatenbank abgelegt. Aus diesen Daten wird dann die Objektdatenbank erzeugt.

5.4.5 Modul zur Auswertung von Ähnlichkeitsbeziehungen

Neben der Nutzung vorhandener Informationen im Rahmen einer Ähnlichteilsuche spielt die Standardisierung der Abläufe und Produkte in der betrieblichen Praxis bei Rationalisierungsvorhaben eine bedeutende Rolle. Bei diesen strategischen Planungsvorhaben muß in der Regel , ausgehend von einer großen Variantenzahl versucht werden, manuell die vorhandene Vielfalt zu reduzieren. Zentrales Problem ist hierbei, Ansatzpunkte für diese Vereinfachungen zu finden, wenn die betreffende Objektmenge nicht mehr überblickt werden kann. Aufgabe dieses Moduls ist es, die Transparenz des Objektspektrums so zu erhöhen, daß Ansatzpunkte für Standardisierungsvorhaben erkannt werden können.

Rechnergestützte Systeme, wie z.B. die Clusteranalyse, nutzen für diesen Zweck die merkmalgestützte Ähnlichkeit zwischen einzelnen Objekten. Da jedoch teilweise erhebliche Unterschiede zwischen der merkmalgestützten und der tatsächlichen Ähnlichkeit bestehen (siehe Kapitel 2.2), sind die Ergebnisse mit einem entsprechenden Fehler behaftet und geben häufig Strukturen und Abhängigkeiten innerhalb des Objektspektrums nicht korrekt wieder. Zur Behebung dieser Schwäche sind deshalb tatsächliche Ähnlichkeiten als Grundlage für Analysen des Objektspektrums heranzuziehen.

Im Rahmen der Ähnlichteilsuche wird vom Bediener bei der Sichtung der Ergebnisse entschieden, welche der vom System vorgeschlagenen ähnlichen Elemente einen ausreichenden Grad von Übereinstimmung im Sinne einer tatsächlichen Ähnlichkeit aufweisen. Diese Entscheidung beruht auf umfangreichem Erfahrungswissen und über entsprechende Assoziationen auf einer großen Anzahl zusätzlicher Objekteigenschaften und vorhandener Randbedingungen, die in ihrer Fülle nicht als Parameter auf das System abgebildet werden können. Deshalb ist eine Automatisierung dieses Entscheidungsprozesses für den geforderten Anwendungsfall nicht realisierbar und muß durch den Bediener erfolgen.

Das Ergebnis dieser Entscheidung kann jedoch systemgestützt in Form einer Ähnlichkeitsbeziehung zwischen beiden Objekten abgebildet werden. Bei einer fortgesetzten Nutzung des Systems entsteht so ein Netz von Beziehungen zwischen jeweils ähnlichen Objekten. Durch die Verfolgung dieser Beziehungen und Clusterung der verknüpften Elemente können so Ähnlichkeiten innerhalb des Teilespektrums identifiziert und über entsprechende Auswertungsalgorithmen transparent gemacht werden. D.h. das System speichert partielles Erfahrungswissen der Mitarbeiter und stellt dieses später im Rahmen der Standardisierungsbemühungen wieder zur Verfügung.

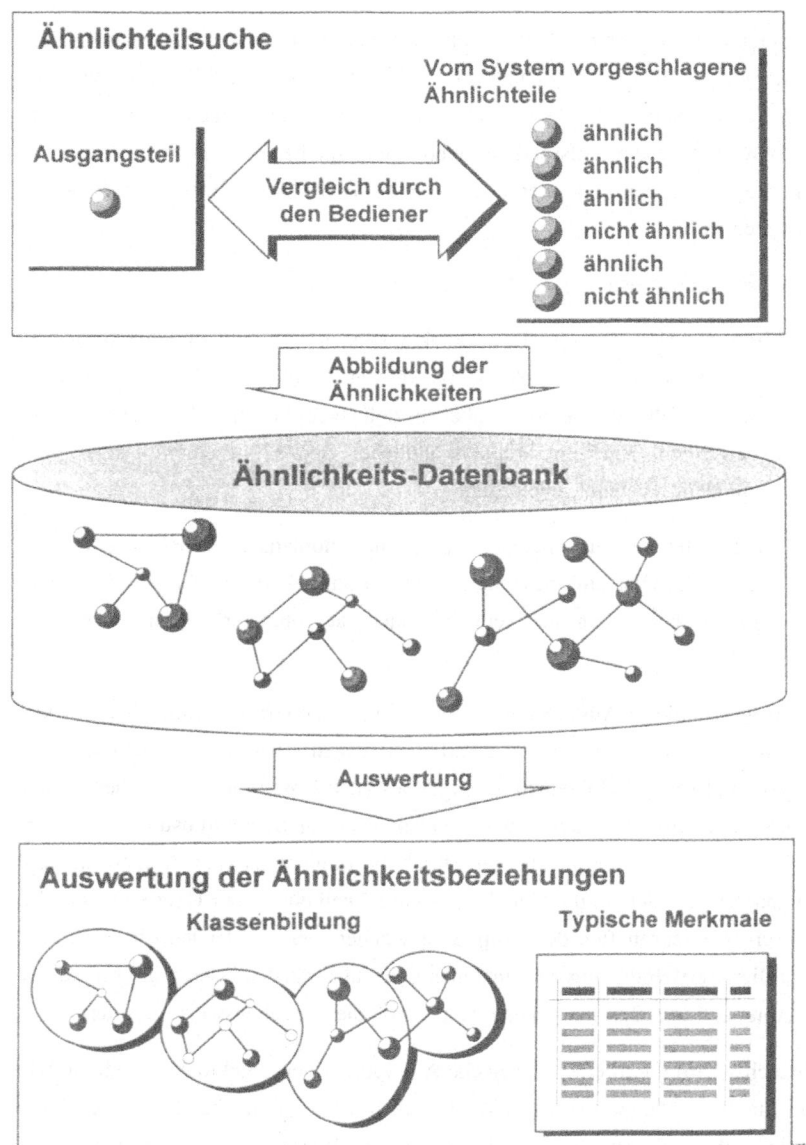

Bild 5-7: Abbildung von Ähnlichkeitsbeziehungen

Überlegungen, die Ähnlichkeitsbeziehungen entsprechend dem Distanzmaß der Clusteranalyse über einen Zahlenwert zu bewerten, wurden fallengelassen. Die mangelnde Quantifizierbarkeit der tatsächlichen Ähnlichkeit und die Subjektivität der Bewertung würden als entscheidende Fehlerquellen eine sinnvolle Auswertung dieser Angaben verhindern, so daß nur ein scheinbarer Informationsgewinn existieren würde.

Als Auswertungsverfahren werden zwei Varianten unterstützt:

- Durch die Vorgabe einzelner Objekte können im Rahmen einer gezielten Analyse Kristallisationspunkte festgelegt werden, die dann als Ausgangspunkt für die Verfolgung von Ähnlichkeitsbeziehungen dienen. D.h. es werden den ausgewählten Objekten Gruppen ähnlicher Objekte in einem festgelegten maximalen "Abstand" zugeordnet.

- Bei der allgemeinen Analyse erfolgt eine automatische Clusterung um die Objekte, die über eine besonders hohe Anzahl von Ähnlichkeitsbeziehungen verfügen, bei denen also ein besonders ausgeprägter "Schneeballeffekt" auftritt.

Als Ergebnis dieser Auswertungen liegen homogene Gruppen ähnlicher Objekte vor, die als Ansatzpunkte für Standardisierungen verwendet werden können. Hierzu sind sowohl Übereinstimmungen als auch Unterschiede zwischen diesen Objekten herauszuarbeiten und die entsprechenden Standardlösungen aus den individuellen Lösungen abzuleiten. Durch die Möglichkeit statistischer Auswertungen der gespeicherten Objektdaten kann schnell ein grober Überblick über die typischen Eigenschaften der Gruppen gewonnen werden, der jedoch durch eine detailliertere Betrachtung der einzelnen Objekte ergänzt werden muß. Ein kurzes Beispiel aus dem Bereich Arbeitsplanung soll die Vorgehensweise erläutern.

Zunächst wird durch eine statistische Auswertung der Objektdaten ermittelt, wie ein für diese Gruppe typisches Werkstück beschaffen ist. Durch die Extraktion wesentlicher Informationen hinsichtlich der Werkstoffe, Abmessungen und vorhandenen Formelemente kann so ein grober Überblick über das betrachtete Teilespektrum gewonnen werden. Durch eine anschließende vergleichende

Analyse der zugrundeliegenden Arbeitspläne wird ein Standardarbeitsplan herausgearbeitet, indem zunächst aus den individuellen Arbeitsplänen die Passagen hoher Übereinstimmung entnommen und zusammengefaßt werden. Dieses einheitliche Grundgerüst eines Standardarbeitsplans wird nun durch die Vorgabe von Modifikationsmöglichkeiten zur fallspezifischen Anpassung im späteren Einsatz ergänzt. Hierzu sind die Unterschiede zwischen den zugrundeliegenden Arbeitsplänen zu bewerten und die notwendigen Freiheitsgrade zu ermitteln.

Im Rahmen von Standardisierungsvorhaben sind eine Reihe wichtiger Entscheidungen zu treffen, die sehr viel Erfahrungswissen erfordern. So muß z.B. abgewägt werden, wann optimierte Speziallösungen zugunsten einer weniger leistungsfähigen, jedoch standardisierten Lösung aufgegeben werden sollen. Aufgrund der hohen Komplexität dieser Thematik erscheint es nicht möglich, den gesamten Vorgang zu automatisieren. Durch eine sinnvolle Systemunterstützung lassen sich jedoch schnell und sicher Ansatzpunkte für Standardisierungsvorhaben ermitteln. Der Arbeitsaufwand kann dadurch gegenüber einer rein manuellen Vorgehensweise erheblich reduziert werden.

5.5 Systemtechnische Integration in das betriebliche Umfeld

Das Fertigungsvorfeld ist gekennzeichnet durch eine heterogene Systemlandschaft. Verschiedenste Systeme wurden im Laufe der Zeit als problemspezifische Lösungen entwickelt und verfügen meist über einen eigenen Datenbestand. Die Möglichkeit, Informationen innerhalb dieser Systeme wiederzufinden, ist durch die diesbezüglich häufig unzureichenden Funktionen begrenzt.

Durch die Implementierung eines Informationssystems kann die Transparenz der Datenbestände jedoch verbessert werden. Wesentliche Voraussetzung ist die Integration des Systems in das betriebliche Umfeld.

Im Rahmen dieser Einbindung spielt vor allem die datentechnische Integration des Systems eine entscheidende Rolle. Probleme, die in der Vergangenheit durch unterschiedliche Oberflächen verschiedener Systeme entstanden sind, spielen heute nach der weitgehenden Standardisierung windowbasierter Oberflächen nur noch eine untergeordnete Rolle und werden deshalb nicht weiter behandelt.

Die datentechnische Integration muß unter zwei Aspekten betrachtet werden:

1. Zum einen müssen zum Aufbau der Objektdatenbank produktbezogene Daten aus der vorhandenen Systemlandschaft ausgelesen werden. Durch die Realisierung entsprechender Schnittstellen kann eine voll- bzw. teilautomatisierte Objekterfassung realisiert werden.

2. Zum anderen benötigt der Bediener zur Bewertung der Ähnlichkeit zusätzliche, über den Inhalt der Objektdatenbank hinausgehende Informationen, die in anderen Systemen verfügbar sind.

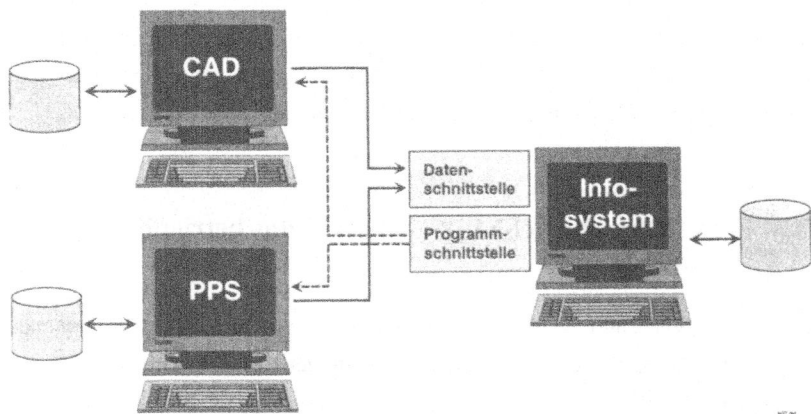

Bild 5-8: Datentechnische Integration

Für den ersten Fall bieten viele Systeme (z.B. CAD- oder PPS-Systeme) Funktionen an, die die Ausgabe verdichteter Daten unterstützen. Diese Angaben können durch entsprechende Schnittstellen (Bild 5-8) weiterverarbeitet und an die Objektdatenbank weitergegeben werden. Eine manuelle Erfassung dieser Informationen entfällt damit entweder vollständig oder zumindest teilweise.

Im Rahmen der Ergebniskontrolle können einerseits Informationen aus den betreffenden CAD- oder PPS-Systemen über entsprechende Betrachterfunktionen oder in einem direkten Zugriff auf die Datenbanken dieser Systeme abgerufen werden. Andererseits können über spezielle Programmschnittstellen die notwendigen Informationen in diesen Programmen selbst dargestellt werden. Eine Reihe fortschrittlicher Systeme stellen entsprechende Funktionen zur Verfügung.

Trotz der gut ausgestalteten Schnittstellen vieler Systeme ist die datentechnische Integration nicht immer als problemlos anzusehen. Beispielsweise SAP, das zur Zeit wohl bedeutenste System betriebswirtschaftlicher Software, präsentiert sich in diesem Zusammenhang vergleichsweise unflexibel. Vorhandene Standardschnittstellen sind für die geforderten Anwendungsfälle nicht ausreichend. Als Lösungsmöglichkeiten kommen zwei Ansätze in Betracht:

- Die Programmierung spezieller Schnittstellen über die SAP-Programmiersprache ABAP/4.

- SAP basiert auf einer offenen, relationalen Datenbank. Als zweiter Ansatz ist somit der direkte Zugriff auf das SAP-Datenmodell über Datenbankabfragen denkbar. Der direkte schreibende Zugriff unter Umgehung der Konsistenzsicherung von SAP erscheint vor dem Hintergrund der hohen Komplexität des Systems sehr kritisch.

Beide Ansätzen haben einen entscheidenden Nachteil. Bei Versionsänderungen von SAP muß immer die Kompatibilität der Schnittstelle mit der neuen Version des Systems geprüft und eventuell umfangreiche Anpassungsarbeiten durchgeführt werden. Als langfristige Lösungen verbleiben somit nur zwei Alternativen:

- Die Schaffung eines offenen, integrierten Produktmodells als Basis für alle Anwendungen und

- die Integration der beschriebenen Funktionen in die betreffenden Systeme.

6 Detailkonzeption des Systems

6.1 Objektbeschreibung

6.1.1 Einleitung

Die Leistungsfähigkeit der Beschreibungssystematik ist entscheidend für die Erfolgsquote bei der Ähnlichteilsuche verantwortlich. Wie im Rahmen der Grobkonzeption (Kapitel 5) bereits dargestellt, kann keines der bekannten grundlegenden Verfahren alle Anforderungen in ausreichendem Maße erfüllen. Als Ansatz wird deshalb eine Kombination verschiedener Verfahren gewählt.

Die Objektbeschreibung wird auf drei Detaillierungsebenen verteilt, die jeweils ein anderes Beschreibungsverfahren einsetzen. Verwendet wird

- auf der ersten Detaillierungsebene die Klassifizierung,

- auf der zweiten Detaillierungsebene Sachmerkmale und

- auf der dritten Detaillierungsebene Deskriptoren.

Nachfolgend wird zunächst die Gestaltung der einzelnen Ebene detailliert beschrieben. Da eine allgemeingültige, alle Anwendungsfälle in den verschiedensten Unternehmen abdeckende Systemkonfiguration nicht realisierbar ist, muß fallspezifisch eine Anpassung an das jeweilige Einsatzgebiet erfolgen. Hierbei ist festzulegen, welche Informationen auf welchen Ebenen abgebildet werden. In Kapitel 6.1.5 werden Richtlinien für diese Konfiguration des Systems gegeben.

6.1.2 Erste Detaillierungsebene - Klassifizierung

Aufgabe der ersten Beschreibungsebene ist eine grobe Gliederung der heterogenen Objektmenge in homogene Untergruppen. Hierdurch soll einerseits eine einheitlichere Beschreibung auf den anderen Beschreibungsebenen - insbesondere auf der zweiten Ebene - ermöglicht werden, andererseits eine rasche zahlenmäßige Eingrenzung erfolgen und damit die Voraussetzung geschaffen werden, eine große Objektmenge mit einer ausreichenden Performance zu verwalten.

Zum Einsatz kommt ein hierarchisches, dekadisches Klassifizierungssystem. Die Anzahl der Hierarchiestufen kann hierbei grundsätzlich beliebig groß sein, sollte jedoch aufgrund der beschriebenen Nachteile der Klassifizierung in überschaubarem Rahmen bleiben (siehe auch Kapitel 6.1.4). Auf jeder Hierarchieebene können maximal zehn parallele Klassen angelegt werden.

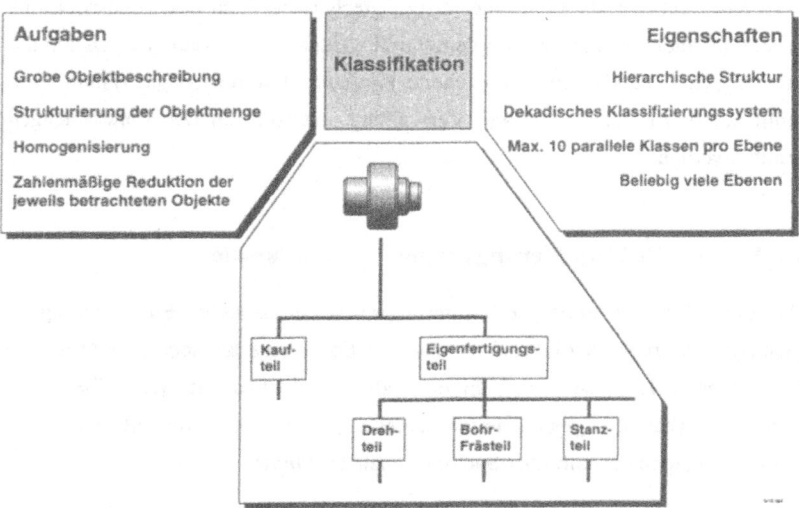

Bild 6-1: Erste Detaillierungsebene: Hierarchische, dekadische Klassifizierung

Jeder Klasse ist ein eindeutiger Klassifizierungsschlüssel zugeordnet, dessen Stellenzahl von der Anzahl der Hierarchieebenen abhängt. Bei der Anpassung des Systems an einen bestimmten Anwendungsfall wird über den Konfigurator (siehe Kapitel 6.2) eine entsprechende Klassenstruktur aufgebaut und verwaltet.

Zu unterscheiden sind Hauptklassen und Unterklassen. Hauptklassen stellen die Wurzel jeder Hierarchie von Unterklassen dar. Sie liegen deshalb auf der ersten Hierarchieebene und verfügen über einen einstelligen Klassifizierungsschlüssel. Als Unterklassen werden alle Klassen bezeichnet, die in den Hierachiestufen unterhalb der Hauptklassen liegen.

In der Praxis ergibt sich häufig die Notwendigkeit, mehrere parallele Sichten auf eine Elementemenge abzubilden. Können diese unterschiedlichen Anwendungsfälle nicht in einer einheitlichen Konfiguration abgedeckt werden, so ist es erforderlich, mehrere Anwendungen parallel anzulegen. Zu diesem Zweck können Hauptklassen verwendet werden. So können beispielsweise sowohl eine funktionsorientierte als auch eine fertigungtechnische Sicht des Teilespektrums parallel in einem Suchsystem implementiert werden, indem Hauptklassen und die zugehörigen Unterklassen entsprechend konfiguriert werden. Das System kann somit auch zur gleichzeitigen Verwaltung unterschiedlicher Objektmengen genutzt werden.

6.1.3   Zweite Detaillierungsebene - Sachmerkmale

Nachdem auf der ersten Detaillierungsebene einheitliche Elementegruppen geschaffen wurden, erfolgt auf der zweiten Ebene eine klassenweit einheitliche Beschreibung der wesentlichen Eigenschaften. Ziel ist es, auf dieser Ebene eine Vergleichbarkeit der gespeicherten Objekte zu erreichen. Die entsprechenden Attribute werden deshalb über Sachmerkmale abgebildet.

Jeder Klasse kann eine beliebige Anzahl von Sachmerkmalen zugeordnet werden. Voraussetzung ist jedoch, daß die ausgewählten Attribute für jedes Element der Klasse gültig bzw. sinnvoll sind. So können beispielsweise für jedes Drehteil der Durchmesser und die Länge angegeben werden, während Verzahnungsinformationen nicht für alle Elemente der Klasse Drehteile Sinn machen. In diesem Fall müßte entweder eine detailliertere Klassenstruktur zugrundegelegt werden, die eine Klasse verzahnte Drehteile vorsieht, oder besser diese Information in der dritten Ebene über Deskriptoren abgebildet werden.

Bei der Konfiguration des Systems werden die einzelnen Sachmerkmale und ihre zulässigen Wertebereiche bzw. Ausprägungen festgelegt. Die freie, dem Bediener überlassene Eingabe muß hierbei soweit wie möglich beschränkt werden, um Fehleingaben durch Schreibfehler oder unterschiedliche Schreibweisen zu vermeiden. Mit Ausnahme von Zahlenwerten, wie beispielsweise Längenangaben, muß also zu jedem Sachmerkmal eine Auswahl möglicher Eingabewerte über Menüs vorgegeben werden. Bei automatischer Übernahme von Daten aus anderen Anwendungen ist an der Schnittstelle eine entsprechende Konsistenzprüfung durchzuführen und unter Umständen eine Übersetzung auf zulässige Werte vorzunehmen.

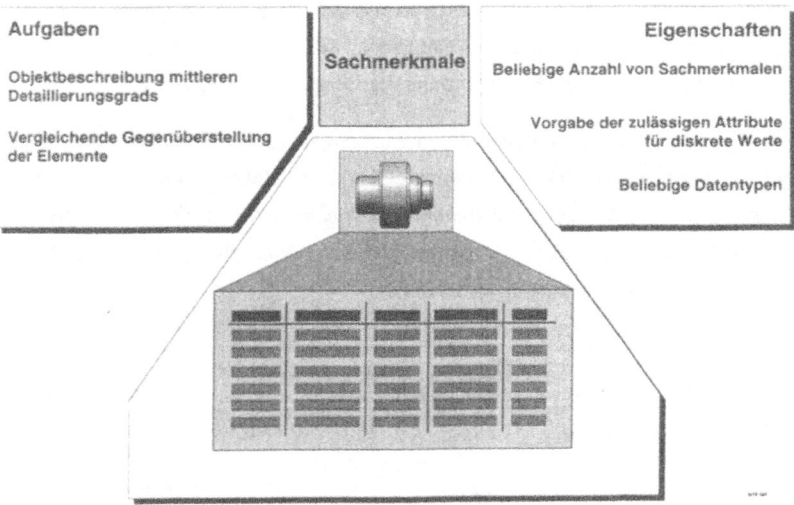

Bild 6-2: Zweite Detaillierungsebene: Sachmerkmale

6.1.4   Dritte Detaillierungsebene - Deskriptoren

Ziel der ersten und zweiten Detaillierungsebene waren die Homogenisierung der Objektmenge und die vergleichende Beschreibung der Objekte. Auf der dritten Objektbeschreibungsebene erfolgt nun ihre differenzierte Betrachtung. Durch die detaillierte Beschreibung der spezifischen Objekteigenschaften sollen Unterschiede deutlich gemacht werden. Diese Ebene ermöglicht bei der Ähnlichteilsuche eine letzte Eingrenzung des Suchraums durch den Bezug auf charakteristische Eigenschaften der einzelnen Objekte.

Analog zu den Sachmerkmalen erfolgt auch hier durch den Konfigurator eine Zuordnung der zulässigen Deskriptoren zu jeder Klasse. Eine freie Eingabe von Werten ist nicht zulässig. Die Deskriptoren sind nach Themengebieten geordnet und können über Auswahllisten abgerufen werden (siehe Kapitel 6.2). Eine Beschränkung hinsichtlich des Umfangs der Eingaben besteht nicht.

Zur Beschleunigung des Zugriffs und zur Steigerung der Flexibilität der Objektbeschreibung werden Deskriptoren in einer hierarchischen Struktur gegliedert. Oberbegriffe werden durch entsprechende Unterbegriffe auf den untergeordneten Hierarchieebenen zunehmend konkretisiert. Als Deskriptor können Begriffe auf jeder Hierarchieebene ausgewählt werden.

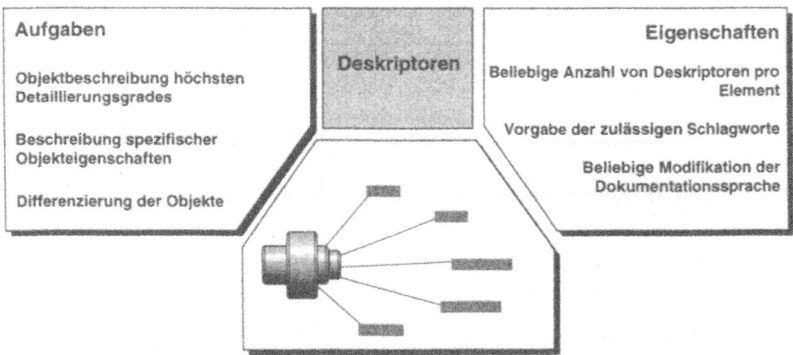

Bild 6-3: Dritte Beschreibungsebene: Deskriptoren

6.1.5 Richtlinien für die Gestaltung der Objektbeschreibung

Die Objektbeschreibungssystematik ist grundsätzlich so aufgebaut, daß sich die Stärken der verwendeten Verfahren gegenseitig ergänzen und die vorhandenen Schwächen ausgleichen. Bei der anwendungsspezifischen Konfiguration ist diesem Aufbau durch die sinnvolle Verteilung der abzubildenden Objekteigenschaften auf die verschiedenen Beschreibungsebenen Rechnung zu tragen. Nachfolgend sind deshalb diesbezüglich Richtlinien aufgeführt, die die unternehmensspezifische Einführung des Systems erleichtern können.

Elementare Schwächen der Klassifizierung sind die unzureichende Flexibilität hinsichtlich Änderungen und die Probleme bei der Abbildung kontinuierlicher Merkmale. Hieraus lassen sich folgende Maßregeln für die Abbildung von Merkmalen auf die erste Detaillierungsebene ableiten:

- Keine Abbildung kontinuierlicher Merkmale und damit Erzeugung "künstlicher" Grenzen (z.B. Durchmesserklassen).

- Ausschließlich Merkmale, die keiner zeitlichen Veränderung unterliegen (Gefahr der Veraltung).

- Nutzung "natürlicher" Klassen innerhalb der Objektmenge; Abgrenzung der Klassen anhand klar definierter Merkmale.

- Keine Untergliederung mit fließenden Übergänge zwischen den Klassen; Indiz für fließende Übergänge: Entscheidungsunsicherheit bei bestimmten Objekten (z.B. "Flanschteile" und "Scheibenartige Teile").

- Keine komplizierten Verschlüsselungsrichtlinien für die Klassifizierung.

- Allgemein möglichst wenige Hierarchiestufen innerhalb der Klassenstruktur; Untergliederung jedoch so weit, daß alle notwendigen kontinuierlichen Merkmale auf die zweite Detaillierungsebene abbildbar.

Für Sachmerkmale sind folgende Richtlinien zu beachten:

- Ausschließlich Merkmale, die für alle Elemente der Klasse Sinn machen (Einheitlichkeit der Beschreibung sicherstellen).

- Abbildung aller kontinuierlichen Merkmale auf diese Beschreibungsebene.

- Keine aufzählende Eigenschaftsbeschreibung (z.B. Bearbeitungsverfahren: "gedreht, gebohrt und gefräst").

Beim Aufbau der dritten Detaillierungsebene sind folgende Maßregeln ausschlaggebend:

- Abbildung aller Merkmale, die nicht auf den ersten beiden Ebenen abgebildet werden können.

- Keine kontinuierlichen Merkmale.

- Aufzählende Abbildung von Merkmalen möglich.

6.2   Konfigurator

6.2.1   Einleitung

Aufgabe des Funktionsbausteins "Konfigurator" ist die Unterstützung bei der anwendungsspezifischen Konfiguration des Systems.

Seine zentrale Aufgabe besteht somit in der Sicherstellung der Konsistenz der Beschreibungssprache. Mit Hilfe dieses Moduls wird im Rahmen der Konfiguration

- die Verwaltung der Klassenhierarchie,

- die Zuordnung der Sachmerkmale zu den jeweiligen Klassen,

- die Verwaltung der zulässigen Sachmerkmalsausprägungen und

- die Verwaltung der zulässigen Deskriptoren

abgewickelt.

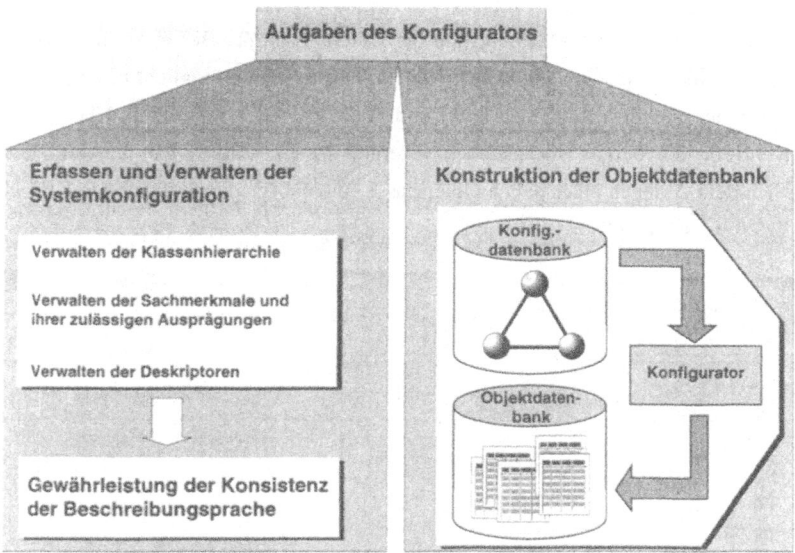

Bild 6-4: Aufgaben des Konfigurators

Aus der hierdurch festgelegten Konfiguration des Systems wird die Objektdatenbank generiert. Im Folgenden wird auf die einzelnen Funktionen dieses Moduls näher eingegangen.

6.2.2 Verwaltung der Klassenhierarchie

Auf der ersten Detaillierungsebene der Objektbeschreibung wird ein hierarchisches, dekadisches Klassifizierungssystem eingesetzt. Die Festlegung und Pflege der Klassenhierarchie erfolgt über den Konfigurator.

Innerhalb der Hierarchie wird, wie bereits beschrieben, in Hauptklassen und Unterklassen unterschieden. Hauptklassen werden durch die Eingabe der Klassenbezeichnung initialisiert. Das System zeigt zur Kontrolle eine Liste aller bereits vorhandenen Hauptklassen an und vergibt automatisch den nächsten freien Klassifizierungsschlüssel.

Im Gegensatz zu Hauptklassen muß bei Unterklassen der Bezug zu der jeweils übergeordneten Instanz angegeben werden. Das System ermöglicht das Navigieren innerhalb der Klassenstruktur und stellt zu jeder gewählten Klasse zur Kontrolle die bereits vorhandenen untergeordneten Klassen dar und ermittelt nach dem Anlegen einer neuen Unterklasse automatisch den zugehörigen Klassifizierungsschlüssel.

Klassen	
Klassen_ID	**Klassen_Bez**
1	Konstruktion
2	Fertigung
11	Gehäuse
12	Wellen
13	Lager
. . .	. . .

Bild 6-5: Verwaltung der Klassenhierarchie

Die datentechnische Abbildung aller Klassen erfolgt über eine einfache Relation, die in Bild 6-5 veranschaulicht ist. Die Klassen 1 und 2 stellen hierbei Hauptklassen dar. Die folgenden Klassen 11 - 13 Unterklassen der Hauptklasse 1 Konstruktion.

6.2.3 Verwaltung der Sachmerkmale und ihrer zulässigen Merkmalausprägungen

Auf der zweiten Beschreibungsebene erfolgt die Festlegung der Objekteigenschaften über Sachmerkmale. Über den Konfigurator ist festzulegen, welche Sachmerkmale innerhalb der einzelnen Klassen verwendet werden können, und welche Ausprägungen für die verschiedenen Sachmerkmale zulässig sind (siehe Beispiel in Bild 6-6). Im operativen Einsatz kann lediglich die freie Eingabe von Zahlenwerten zugelassen werden. Dieses Vorgehen stellt sicher, daß verschiedene Benutzer den gleichen Wortschatz verwenden, Eingabefehler soweit als möglich verhindert werden und damit der Datenbestand nicht durch datentechnisches "Treibgut" belastet wird.

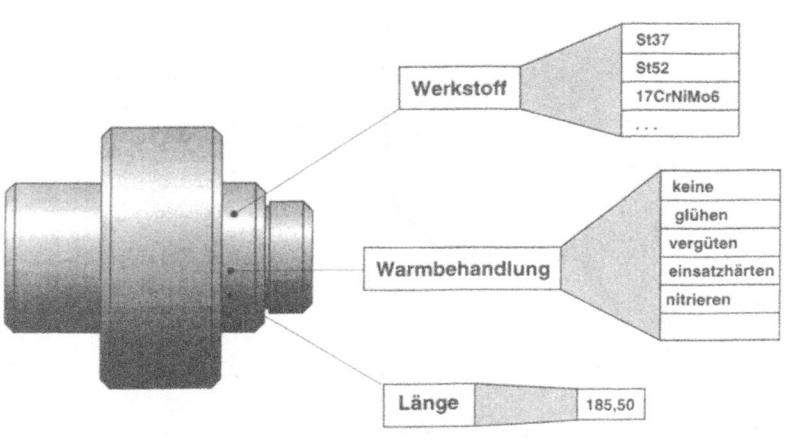

Bild 6-6: Sachmerkmale und Ausprägungen

Sachmerkmale können nur den Klassen der untersten Hierarchieebene zugeordnet werden. Klassen in den mittleren Hierarchieebenen, die selbst noch durch verschiedene Unterklassen aufgegliedert werden, können nicht über eigene Sachmerkmale verfügen. Hierdurch soll die Komplexität der Datenbank begrenzt werden. Bei der Eingabe der Sachmerkmale wird neben der Merkmalsbezeichnung auch der Datentyp abgefragt. Wird hierbei als Typ "Text" gewählt, so fragt das System automatisch die zugehörigen Ausprägungen ab. Im Rahmen nachträglicher Modifikationen können Sachmerkmale hinzugefügt bzw. Ausprägungen vorhandener Sachmerkmale abgeändert und ergänzt werden.

Jeder Klasse können eine beliebige Anzahl von Sachmerkmalen und jedem Sachmerkmal wiederum eine beliebige Anzahl von Ausprägungen zugeordnet werden. Datentechnisch sind somit zwei 1:n-Beziehungen zu realisieren (Bild 6-7).

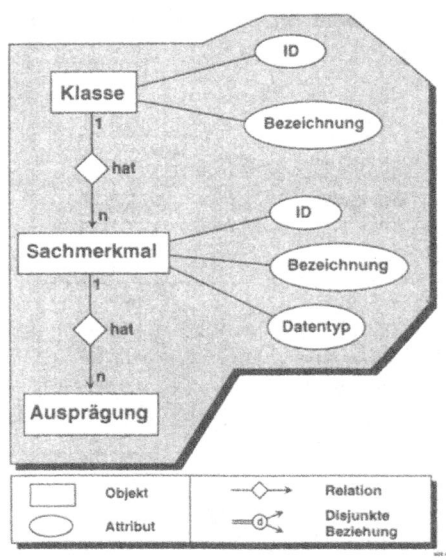

Bild 6-7: Zusammenhang zwischen Klassen, Sachmerkmalen und ihren Ausprägungen

6.2.4 Verwaltung zulässiger Deskriptoren

Auf der dritten Detaillierungsebene erfolgt die Objektbeschreibung über Deskriptoren. Jedem Objekt kann eine beliebige Anzahl Deskriptoren zugeordnet werden. Datentechnisch besteht somit eine 1:n-Beziehung. Ebenso wie bei den Sachmerkmalausprägungen der zweiten Beschreibungsebene können freie Eingaben durch den Bediener aus Gründen der Fehleranfälligkeit nicht zugelassen werden.

Im Rahmen der Konfiguration müssen somit die für jede Klasse zulässigen Schlagworte eingegeben und die zugehörige hierarchische Struktur abgebildet werden (Bild 6-8). Die Aufgabe des Konfigurators besteht in der Unterstützung der Neueingabe und in der Gewährleistung einer fortlaufenden Pflege und Aktualisierung der Deskriptoren und ihrer Struktur.

Die Struktur der Deskriptoren entspricht der Klassenstruktur der ersten Objektbeschreibungsebene und wird auf ähnliche Weise realisiert.

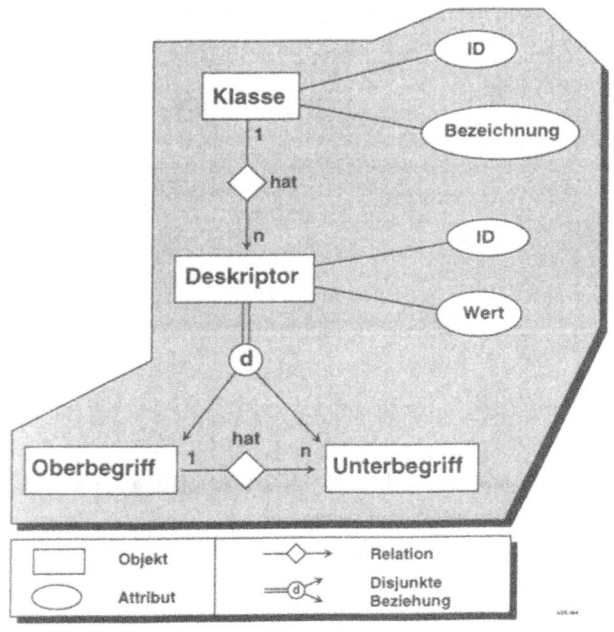

Bild 6-8: Abbildung der Deskriptorstruktur

6.2.5 Aufbau der Objektdatenbank

Nachdem die Konfiguration des Suchsystems festgelegt und auf der Konfigurationsdatenbank gespeichert worden ist, müssen nun diese Informationen umgesetzt und die entsprechende Objektdatenbank erzeugt werden.

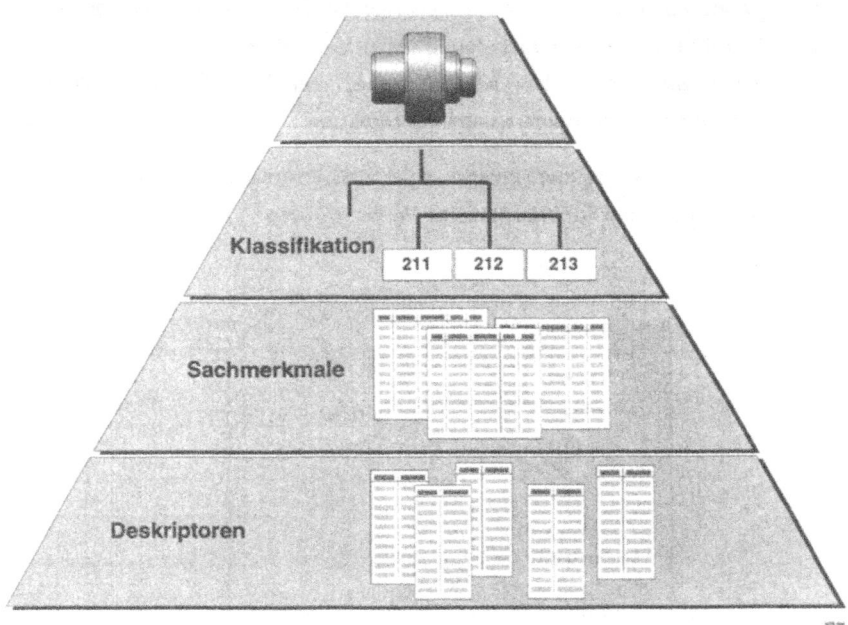

Bild 6-9: Objektdatenbank

Wie Bild 6-9 dargestellt ist entsprechend der Objektbeschreibung auch die Objektdatenbank in drei Ebenen unterteilt, auf denen

1. die Klassenzuordnung,

2. die Sachmerkmale und

3. die Deskriptoren

abgebildet sind. Beim Konfigurieren und Anlegen eines neuen Suchsystems bzw. einer neuen Klasse werden die Datentabellen für die Ebenen zwei und drei durch den Konfigurator neu generiert. Die Ebene eins ist system- bzw. klassenübergreifend angelegt und muß deshalb nicht neu erzeugt werden.

Entsprechend der bei der Konfiguration gespeicherten Festlegungen wird für jede Objektklasse der untersten Hierarchieebene je eine Datentabelle für Sachmerkmale und eine Datentabelle für Deskriptoren angelegt. Zu diesem Zweck werden Basis-Funktionen der Datenbank genutzt. Die Generierung der Datenbanktabellen erfolgt über standardisierte SQL-Befehle (Structured Query Language).

6.3   Eingabemodul

Das Eingabemodul dient zur manuellen Erfassung objektbezogener Informationen, die als Grundlage für die Ähnlichteilsuche benötigt werden. Seine Aufgaben bestehen in

• der gezielten Abfrage dieser Objektinformationen und

• dem Ablegen dieser Angaben auf der Objektdatenbank.

Das Eingabemodul liest hierzu aus der Konfigurationsdatenbank Informationen über den Aufbau der Klassenhierarchie und bezüglich der Sachmerkmale und der Deskriptoren (Bild 6-10).

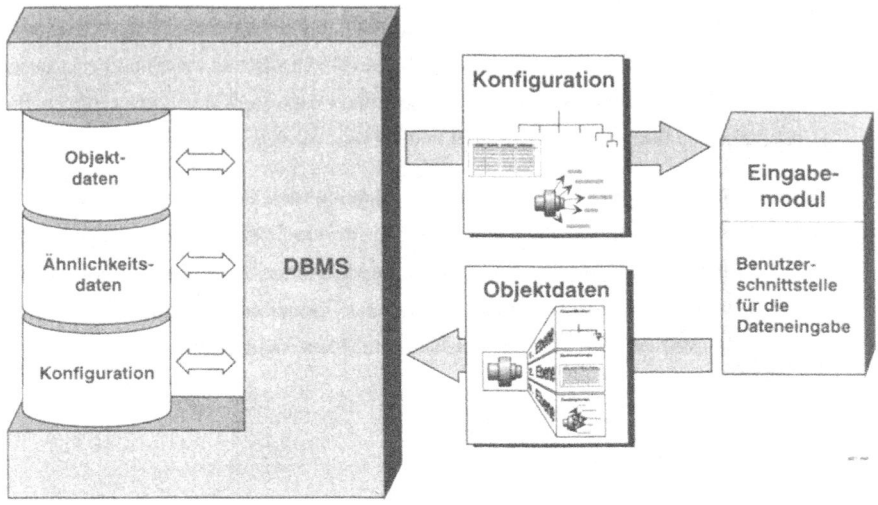

Bild 6-10: Zugriff des Eingabemoduls auf die Datenbank

Bei der Dateneingabe werden alle drei Ebenen der Objektbeschreibung durchlaufen und hierbei die notwendigen Informationen erfaßt.

Auf der ersten Detaillierungsebene erfolgt die Klassierung des Objekts. Das Eingabemodul liest hierzu die Klassenhierarchie aus der Konfigurationsdatenbank aus, ermöglicht dem Bediener das Navigieren innerhalb dieser Struktur und die Auswahl der entsprechenden Klasse. Neben der Durchwanderung der Klassenhierarchie besteht auch die Möglichkeit der direkten Eingabe des Klassifizierungsschlüssels.

Auf der zweiten Detaillierungsebene werden die Ausprägungen der Sachmerkmale vom System abgefragt. Nach der Klassierung des Objekts liest das Eingabemodul die dieser Klasse zugeordneten Sachmerkmale aus der Konfigurationsdatenbank aus und stellt diese in Tabellenform dar. Beim Durchlaufen dieser Liste werden in einem Auswahlmenü die jeweils möglichen Ausprägungen dargestellt, aus denen der Bediener die betreffenden Werte auswählen kann. Nach Abschluß der Eingabe werden die Informationen analog zu den Klasseninformationen auf einer Variablenstruktur abgebildet und zwischengespeichert.

Auf der dritten Ebene der Objektbeschreibung erfolgt die Eingabe der Deskriptoren. Das Eingabemodul zeigt die aus der Konfigurationsdatei gelesene Schlagworthierarchie an und ermöglicht dem Bediener die Navigation innerhalb dieser Struktur. Die ausgewählten Schlagworte werden in eine Tabelle übernommen.

Die deskriptorgestützte Objektbeschreibung kann über Schlagworte unterschiedlichen Detaillierungsgrades erfolgen, indem entweder allgemeinere Oberbegriffe oder detailliertere Unterbegriffe eingesetzt werden. Wird bei der Auswahl ein Unterbegriff ausgewählt, so fügt das System automatisch alle übergeordneten Oberbegriffe mit in die Deskriptorliste ein. Hierdurch ist sichergestellt, daß bei einer allgemeiner gehaltenen Suche nach einem Oberbegriff auch alle darunterliegenden, detaillierter umschriebenen Objekte mit berücksichtigt werden. Nach Abschluß der Auswahl werden die Deskriptoren in einer Variablenstruktur abgebildet und zwischengespeichert.

Der Prozeß des Speicherns muß zur Sicherstellung der Konsistenz der Objektdatenbank entweder komplett fehlerfrei durchgeführt oder bei Auftreten eines Datenbankfehlers vollständig rückgängig gemacht werden. Die Gewährleistung der Konsistenz wird über Datenbankmechanismen zur Transaktionskontrolle realisiert.

6.4   Modul zur Suche und Ergebniskontrolle

6.4.1   Grundprinzipien des Suchens

Die Suche wird in vielfältiger Hinsicht im Rahmen menschlicher Denkprozesse eingesetzt. Durch den Vergleich einer aktuellen Problemstellung mit "gespeicherten" Erfahrungen stellt sie einen beherrschenden Aspekt bei Problemlösungsaktivitäten dar (WESSEL 1990, S. 360-366). Aus den Suchstrategien des Menschen lassen sich auch Erkenntnisse für die rechnerunterstützte Suche ableiten.

Grundsätzlich können Suchstrategien in *Heuristiken* und *Algorithmen* untergliedert werden. Heuristiken werden häufig im Rahmen menschlicher Denkprozesse eingesetzt und gelangen anhand von Erfahrungswissen und auch unscharfen und unvollständigen Informationen mit vergleichsweise geringem Suchaufwand zu schnellen, aber nicht vollständig sicheren Ergebnissen. Im Gegensatz hierzu gehen Algorithmen nach einem starren Schema vor. Diese systematische Suche liefert deshalb bei klar definierten Randbedingungen und eindeutigen Suchinformationen eine vollständige Ergebnismenge, benötigt jedoch meist mehr Zeit bis zur Ergebnisfindung.

Für die rechnergestützte Suche im Rahmen der Ähnlichteilsuche bietet sich die Verwendung von Algorithmen an. Das Problem ist merkmalbasiert weitgehend beschreibbar und kann mit vergleichsweise kurzen Rechenzeiten bewältigt werden.

Der Prozeß des Suchens kann grundsätzlich in mehrere Schritte untergliedert werden (HERRMANN 1992 S. 52-53) (Bild 6-11).

- Formulierung der Suchbedingung aus der Aufgabenstellung (Vorgabe des Sollwertes)

- Vergleich mit den archivierten Lösungen (Soll-Ist-Abgleich)

- Auswahl der gefundenen Lösungen, Prüfung der Lösungen auf Verwendbarkeit.

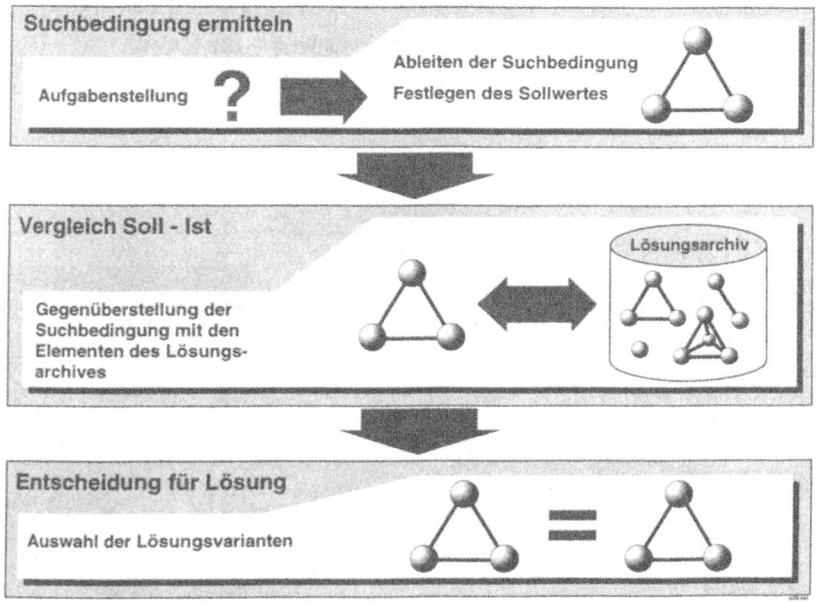

Bild 6-11: Phasen des Suchens

Zentraler Aspekt ist der Soll-Ist-Vergleich zwischen Aufgabenstellung und vorhandenen Lösungsalternativen. Ausgehend von der Aufgabenstellung, wird zunächst das Problem in einer geeigneten Beschreibungssprache ausformuliert und anschließend mit den zu den einzelnen Lösungen hinterlegten Informationen im Lösungsarchiv verglichen. Auf der Basis dieses Vergleichs erfolgt dann die Auswahl der Lösungen.

Der Erfolg einer Suche ist somit entscheidend von der Beschreibungssystematik zur Formulierung der Problemstellung abhängig.

6.4.2   Anforderungen an das Modul zur Suche und Ergebniskontrolle

Neben einer leistungsfähigen Objektbeschreibung ist das Modul zur Suche und Ergebniskontrolle elementar für die "Trefferquote" bei der Ähnlichteilsuche verantwortlich. Aus der praktischen Anwendung heraus ergeben sich eine Reihe von Anforderungen an diesen Programmbaustein (Bild 6-12).

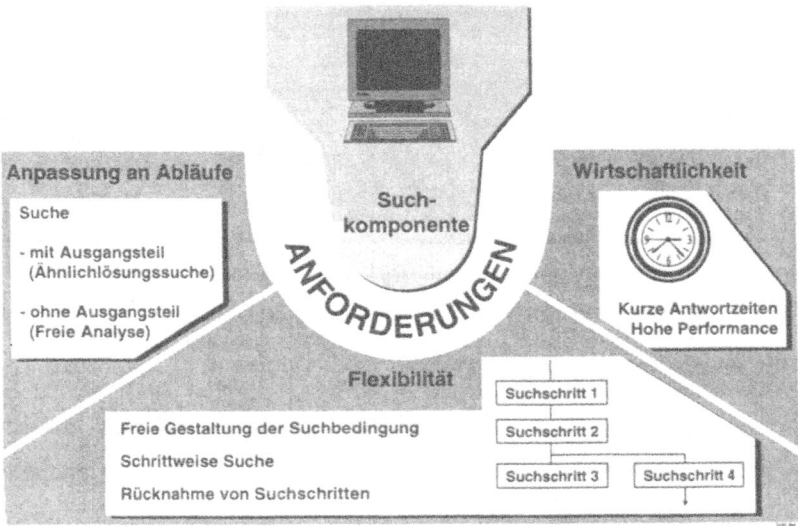

Bild 6-12: Anforderungen an die Suchkomponente

Im typischen Anwendungsfall der Ähnlichteilsuche wird nicht frei nach einem fiktiven Element, sondern zu dem Gegenstand einer aktuellen Planungsaufgabe eine bereits vorhandene, ähnliche Lösung gesucht. Es existiert also eine Problemstellung, zu der eine möglichst geeignete Lösung gefunden werden soll. Das System muß gerade für diesen Anwendungsfall eine optimale Unterstützung bieten. Darüber hinaus sollte das System jedoch auch die Möglichkeit bieten, frei, ohne die Bindung an ein Ausgangsteil, eine Recherche durchzuführen.

Eine perfekte Übereinstimmung zwischen Ausgangselement und ähnlicher Lösung in allen gespeicherten Eigenschaften ist im allgemeinen nicht gegeben. Entsprechend der Aufgabenstellung kann gerade bei komplexen Elementen die Variantenvielfalt so groß werden, daß ein "Doppelgänger" höchst unwahrscheinlich wird. Die Suchkomponente muß deshalb dem Bediener die Möglichkeit bieten, fallspezifisch die wesentlichen Eigenschaften auszuwählen, die für eine Ähnlichkeit nach seinen Ansprüchen ausschlaggebend sind.

Das Auffinden des optimalen Ähnlichteils im ersten Suchvorgang ist bei komplexen Elementen eher unwahrscheinlich. Das System muß deshalb dem Anwender erlauben, sich durch Variation der Suchbedingung an das Ergebnis heranzutasten und die Ergebnismenge sukzessive einzuschränken.

Da der Fall auftreten kann, daß bei einem Suchschritt kein Ergebnis mehr gefunden wird, ist die Notwendigkeit gegeben, einzelne Schritte zurückzunehmen und für die weitere Suche einen der vorangegangenen Suchschritte als Ausgangspunkt zu wählen. Das System muß auch in dieser Hinsicht über eine ausreichende Flexibilität verfügen.

Eine schrittweise Suche bedingt mehrere Datenbankabfragen pro Anwendungsfall. Die Antwortzeiten summieren sich und wirken sich somit mehrfach negativ auf den Suchaufwand aus. Zur Gewährleistung einer hohen Wirtschaftlichkeit, eines guten Bedienungskomforts und einer ausreichenden Akzeptanz sind deshalb kurze Antwortzeiten erforderlich.

6.4.3 Entwurf der Systemkomponente

Das Suchsystem unterstützt zwei unterschiedliche Suchverfahren:

- Die freie Suche und

- die gebundene Suche.

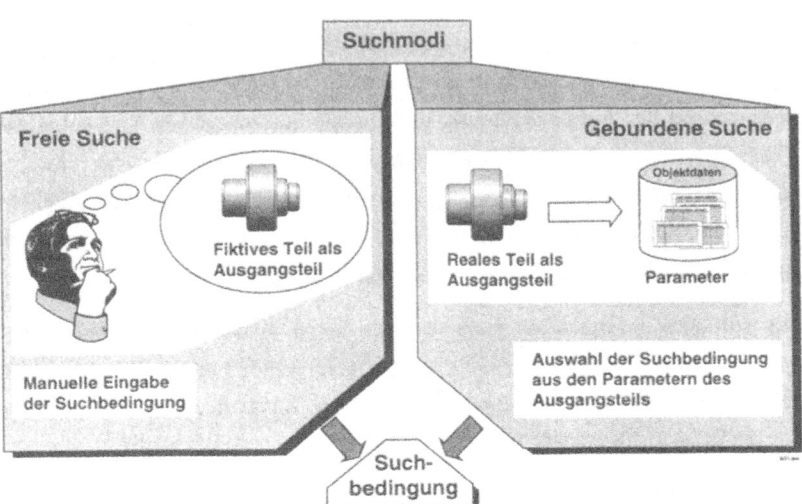

Bild 6-13: Suchverfahren

Bei der freien Suche können - entsprechend der Vorgehensweise bekannter Sachmerkmalsysteme - beliebige Suchparameter manuell eingegeben werden. Das System erstellt aus allen eingegebenen Werten die Suchbedingung und führt die Datenbankabfrage durch. Dieses Verfahren kann beispielsweise für statistische Untersuchungen über den Bestand der Objektdatenbank genutzt oder für gezielte Recherchen ohne eine vorhandene Problemstellung eingesetzt werden.

Bei der gebundenen Suche wird ein Lösung gesucht, die zu einer gegebenen aktuellen Problemstellung paßt. Wird eine aufgabenstellungsbezogene Objektbeschreibung vorgenommen, so liegen bereits zu Beginn der Auftragsbearbeitung alle Informationen für die Erfassung der noch zu erarbeitenden und zu archivierenden Lösung vor. Somit ist es möglich, die Archivierung und die Ähnlichteilsuche über eine gemeinsame Dateneingabe vorzunehmen. Zunächst wird die noch zu erarbeitende Lösung archiviert, indem aus der Problemstellung die relevanten Merkmale gewonnen werden. Die Ähnlichteilsuche kann nun auf der Basis dieser gespeicherten Parameter erfolgen. Die Suchbedingung kann hierbei durch ein direktes Anwählen einzelner Parameter gewonnen werden. Eine wiederholte Eingabe entfällt. Aus den angewählten Feldern wird die Bedingung generiert und die Datenbankabfrage durchgeführt.

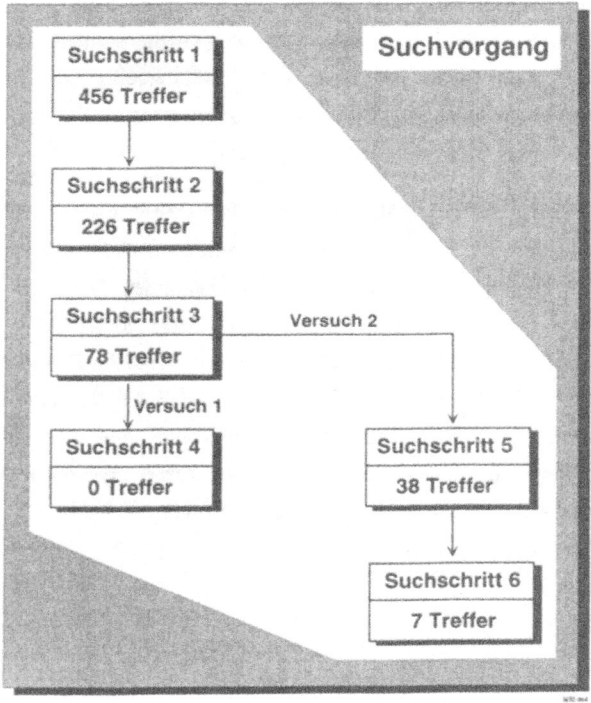

Bild 6-14: Schrittweise Suche

Den Anforderungen entsprechend kann der Suchvorgang schrittweise erfolgen Bild 6-14). Durch Hinzufügen bzw. Weglassen von Suchkriterien kann die Ergebnismenge variiert und sukzessive eingeschränkt werden. Das System ermöglicht so ein "Vortasten" bis zu einer überschaubaren Anzahl gefundener Elemente. Es gibt nach jedem Suchschritt den Umfang der Ergebnismenge aus, der in einer Tabelle fortlaufend mitprotokolliert wird.

Wird bei einem Suchschritt kein Element mehr gefunden, so können einzelne Suchparameter entsprechend verändert bzw. zurückgenommen werden und dann ein weiterer Versuch durchgeführt werden. Eine andere Möglichkeit besteht in der Rücknahme ganzer Suchschritte. D.h. für die weitere Suche kann jeder beliebige vorangegangene Suchschritt als Ausgangspunkt gewählt werden. Der Suchvorgang setzt sich somit nicht aus einer Folge sequentieller Schritte zusammen, sondern besteht aus einer Baumstruktur mit beliebig vielen Verzweigungen.

Zur Gewährleistung dieser Funktionalität wird jeder Suchschritt automatisch protokolliert. Hierbei werden die ausgewählten Suchparameter und die jeweils ermittelten Lösungsmengen auf einer Variablenstruktur abgebildet. Bei Rücknahme von Suchschritten wird das System auf der Basis dieser gespeicherten Informationen automatisch in den Zustand zurückversetzt, den es bei Ausführung des betreffenden Suchschritts hatte. Hierbei ist auch der Zugriff auf die Ergebnismenge dieses Suchschritts gewährleistet. Auf diese Weise sind alle im Rahmen des Suchvorgangs in unterschiedlichen Suchschritten gewonnenen Zwischenergebnisse jederzeit ohne zusätzliche Datenbankabfrage verfügbar.

Die Ausgabe des Ergebnisses erfolgt auf unterschiedlichen Detaillierungsstufen (Bild 6-15).

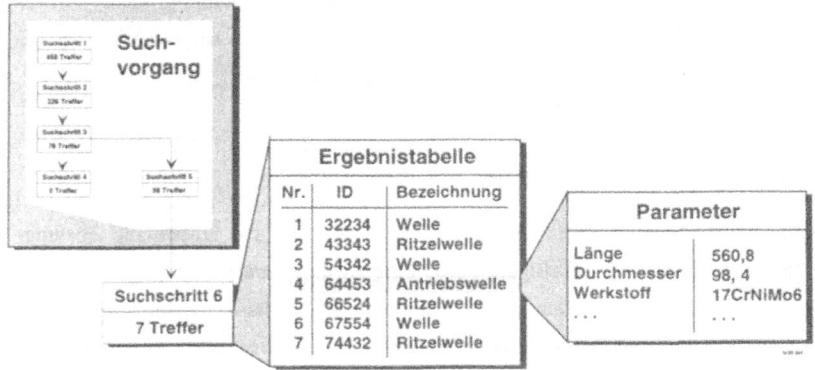

Bild 6-15: Ergebnisausgabe

Zu jedem Suchschritt wird zunächst lediglich die Anzahl der gefundenen Elemente angezeigt. Der Bediener kann so schnell erkennen, ob eine detailliertere Betrachtung der Ergebnismenge bereits sinnvoll ist oder ob eine zusätzliche Eingrenzung zu erfolgen hat.

Auf der nächsten Stufe der Ergebnisausgabe wird eine Liste aller ermittelten Elemente angezeigt. Hierbei werden gespeicherte Stammdaten wie die Bezeichnung oder die Identnummer der Elemente ausgegeben. Der Bediener gewinnt so einen schnellen Überblick über die Ergebnismenge.

Durch die Auswahl eines Elements dieser Tabelle werden die gespeicherten Parameter visualisiert. Hierbei erfolgt bei der gebundenen Suche automatisch ein Abgleich mit den Merkmalen des Ausgangsteils. Alle Parameter, die bei Ausgangsteil und ermitteltem Ähnlichteil übereinstimmen, werden durch eine entsprechende farbige Kennzeichnung der Maskenfelder markiert. So kann auf einen Blick erkannt werden, wie groß die merkmalgestützte Ähnlichkeit zwischen Ausgangselement und vom System vorgeschlagener Ähnlichlösung ist.

Aufgrund der gespeicherten Parameter und zusätzlicher Informationen aus anderen Systemen kann der Bediener nun die Entscheidung treffen, ob das vorgeschlagene Element tatsächlich im Sinne seiner Anforderungen ähnlich ist. Diese auf der Basis von Erfahrungswissen getroffene Entscheidung kann er dem System mitteilen, das daraufhin einen Querbezug zwischen Ausgangselement und vorgeschlagenem Element herstellt (siehe Kapitel 6.5).

6.4.4   Implementierung der Suchfunktion

Für die Realisierung komplexer Suchvorgänge stellt die Informatik leistungsfähige Methoden zur Verfügung. Im Rahmen des *Patternmatchings* bildverarbeitender Systeme werden auch Soll- und Ist-Zusatände komplexer Muster verglichen und damit eine gewisse Analogie zum vorliegenden Anwendungsfall hergestellt. Im Mittelpunkt dieser Verfahren steht jedoch die Erkennung von Gegenständen bzw. die Ermittlung ihrer räumlichen Ausrichtung durch den Vergleich von Punktemustern. Hierbei wird in den meisten Fällen nur mit wenigen kontinuierlichen Merkmalen gearbeitet, die den Helligkeits- oder Farbwert der einzelnen Bildpunkte wiedergeben. Bei der aktuellen Problemstellung sind die einzelnen Objekte jedoch durch eine Vielzahl unterschiedlicher, auch diskreter Merkmale geprägt. Eine Nutzung dieser Verfahren für den vorliegenden Anwendungsfall scheint deshalb wenig erfolgversprechend.

Andere Verfahren, wie beispielsweise die Clusteranalyse wurden hinsichtlich ihrer Eignung untersucht und u.a. aufgrund der fehlenden Möglichkeit zur Verarbeitung diskreter Merkmale nicht weiter berücksichtigt (siehe Kapitel 3.5).

Als Ansatz wird deshalb eine Umsetzung der Suchfunktion über die Nutzung von standardisierten Datenbankfunktionen gewählt. Entsprechend der Objektbeschreibung wird auch die technische Umsetzung der Suchfunktion in mehrere Stufen aufgegliedert.

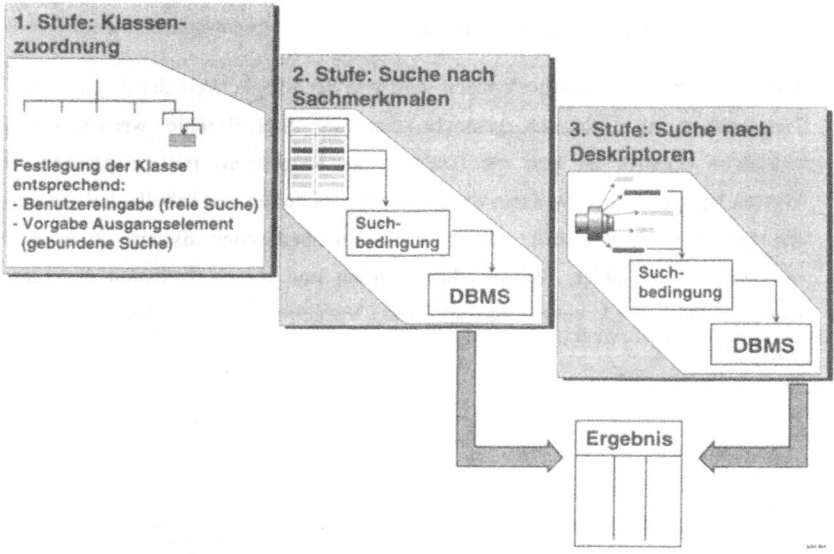

Bild 6-16: Implementierung der Suchfunktion

Die erste Stufe wird durch die Festlegung auf eine Objektklasse bestimmt. Da die Sachmerkmale und Deskriptoren der einzelnen Elemente klassenspezifisch in jeweils unterschiedlichen Datentabellen abgelegt sind, wird mit Vorgabe der Klasse die Suche auf die entsprechenden Tabellen begrenzt. Elemente anderer Klassen werden somit nicht berücksichtigt.

Auf der zweiten Stufe erfolgt die Suche nach Sachmerkmalen. Aus den vom Bediener ausgewählten Suchkriterien wird dynamisch eine Suchbedingung zusammengestellt und die Datenbankabfrage generiert.

Auf der dritten Stufe wird aus den Anwendereingaben ebenfalls eine Suchbedingung erzeugt und die Suche nach den Deskriptoren durchgeführt. Anschließend werden die Ergebnisse der beiden Datenbankabfragen abgeglichen, die Schnittmenge gebildet und das Endergebnis ausgegeben.

Nachfolgend wird auf die Abwicklung der beiden Datenbankabfragen der Stufen zwei und drei näher eingegangen.

6.4.4.1 Suche nach Sachmerkmalen

Für die Suche nach Sachmerkmalen wird von der Möglichkeit der dynamischen Programmierung Gebrauch gemacht. Standard SQL-Befehle werden durch Variablen ergänzt, die erst zur Laufzeit des Programms mit entsprechenden Werten belegt werden. So kann sowohl die Bezeichnung der Tabelle, auf die sich die Suche erstrecken soll, als auch die Suchbedingung dynamisch erzeugt werden, auf Variablen abgespeichert werden und diesen Befehlen zugeführt werden. Bild 6-17 veranschaulicht das Vorgehen für die Erzeugung der Suchbedingung.

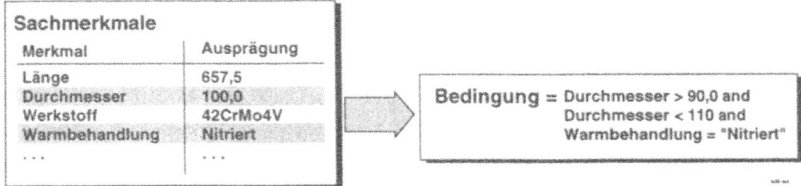

Bild 6-17: Erzeugen der Suchbedingung

Bei der Erzeugung der Suchbedingung wird die Zeichenkette des Feldnamen ergänzt um ein Gleichheitszeichen und mit dem in Hochkommata gesetzten Feldinhalt kombiniert. Auf diese Weise wird für jedes ausgewählte Feld eine spezifische Suchbedingung erzeugt. Werden vom Bediener mehrere Felder als Suchkriterien bestimmt, so werden die einzelnen Bedingungen durch eine "AND"-Anweisung miteinander kombiniert. Die so gewonnene Suchbedingung liefert dann als Ergebnis die Schnittmenge aller Einzelbedingungen, also die Elemente, die alle Anforderungen erfüllen.

Handelt es sich bei einem Feldinhalt um eine Gleitkommazahl, wie beispielsweise eine Längen- oder Durchmesserangabe, so würde eine Suchbedingung mit einem Gleichheitszeichen in den meisten Fällen kein Ergebnis zurückliefern. In der Praxis ist eine vollständige Übereinstimmung in Längenmaßen in der Regel für eine Ähnlichkeit auch nicht ausschlaggebend. Es genügt, wenn die betreffenden Maße in einem bestimmten Rahmen liegen. Bei der Erstellung der Suchbedingung wird deshalb vom System automatisch ein oberer und unterer Grenzwert für Gleitkommazahlen vorgegeben. Der Toleranzbereich kann vom Bediener beliebig verändert werden.

6.4.4.2 Suche nach Deskriptoren

In Analogie zum Vorgehen bei der Suche nach Sachmerkmalen wird auch bei der Suche nach den Deskriptoren die Suchbedingung dynamisch zur Ablaufzeit aus den Bedienervorgaben gebildet. Hierbei wird aus jedem ausgewählten Schlagwort eine eigene Suchbedingung erzeugt und auf einer entsprechenden Variablenstruktur abgebildet. In einer Schleife werden nun die einzelnen Bedingungen schrittweise abgearbeitet und den bisherigen Zwischenergebnissen gegenübergestellt.

Bei der Verarbeitung der Zwischenergebnisse wird durch eine fortgesetzte Schnittmengenbildung (siehe Bild 6-18) die Ergebnismenge rasch eingeschränkt.

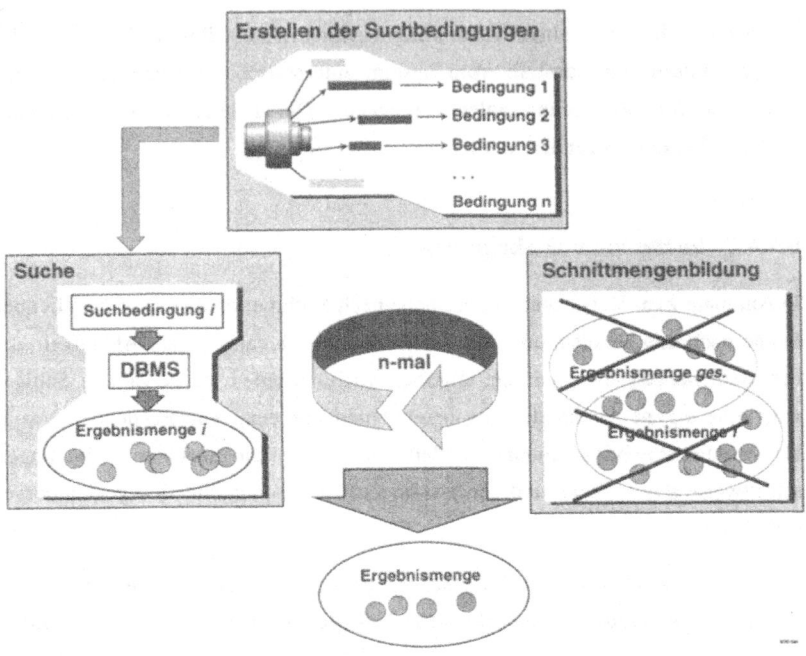

Bild 6-18: Suche nach Deskriptoren

6.5 Modul zur Auswertung von Ähnlichkeitsbeziehungen

Das in dieser Arbeit beschriebene System verfolgt eine doppelte Zielsetzung. Zum einen die Optimierung der Ähnlichteilsuche, die durch die bisher beschriebenen Systembausteine gewährleistet wird, und zum zweiten die Unterstützung von Standardisierungen durch die Identifikation von Ähnlichkeitsstrukturen innerhalb der Elementemenge. Diese Aufgabe wird durch den im Folgenden beschriebenen Programmbaustein abgedeckt.

Analyseverfahren wie die Clusteranalyse (siehe Kapitel 3.4) ermöglichen die Ermittlung von Strukturen innerhalb großer Objektmengen. Diese weitgehend automatischen Verfahren arbeiten auf der Basis von Sachmerkmalen und erkennen somit lediglich merkmalgestützte Ähnlichkeiten (siehe auch Kapitel 2.2). Tatsächliche, für die Praxis relevante Ähnlichkeiten, die sich aus dem vollem Umfang aller verfügbaren objektbezogenen Eigenschaften ableiten, lassen sich auf diese Weise nicht ermitteln. D. h. die von diesen Systemen errechneten Ähnlichkeiten sind zwar hinsichtlich der gewählten Parametersätze existent, müssen jedoch nicht für die praktische Anwendung von Bedeutung sein. Je komplexer die betrachteten Objekte sind, desto schwieriger wird die problemspezifische Beschreibung und desto größer die Diskrepanz zwischen merkmalgestützter und tatsächlicher Ähnlichkeit.

Bei dem hier gewählten Vorgehen wird die merkmalgestützte, vom System ermittelte Ähnlichkeit im Rahmen der Ähnlichteilsuche dazu verwendet, eine Vorauswahl zu treffen und den Bediener in die "Nähe" des optimalen Ähnlichteils zu führen. Die letztendliche Entscheidung über die Ähnlichkeit wird jedoch vom Bediener auf der Basis umfangreicherer, nicht auf dem System abgebildeter Eigenschaften getroffen. Das Ergebnis dieser auf Erfahrungswissen basierenden Entscheidung kann durch die Speicherung von Ähnlichkeitsbeziehungen auf den Rechner abgebildet und für Standardisierungsbemühungen genutzt werden (Bild 6-19). So kann implizit Erfahrungswissen auf den Rechner übertragen werden.

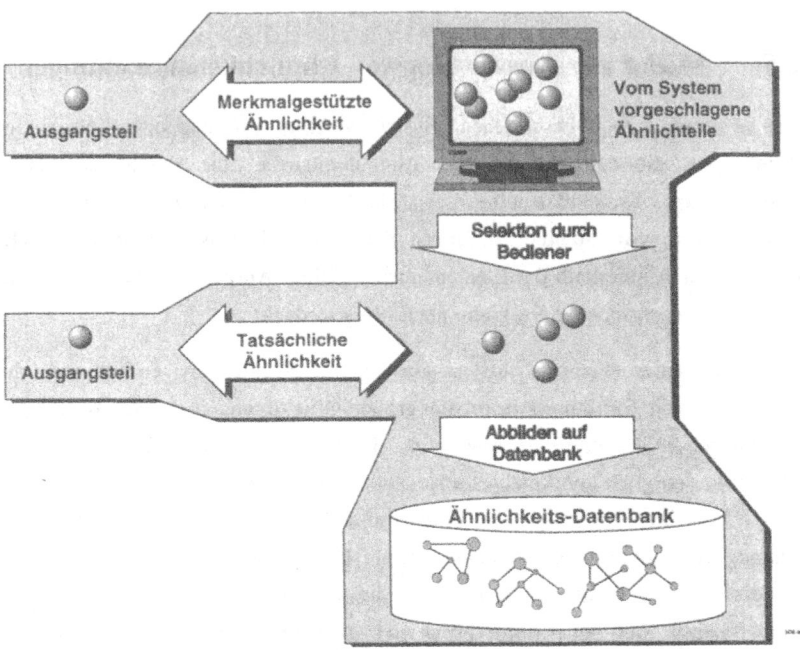

Bild 6-19: Abbildung tatsächlicher Ähnlichkeitsbeziehungen

Für die Realisierung dieser Funktionalität sind zwei Aufgaben zu lösen:

- Die Abbildung der Ähnlichkeitsbeziehungen und

- Verfahren zur Auswertung der Ähnlichkeitsbeziehungen.

6.5.1   Abbildung der Ähnlichkeitsbeziehungen

Bei der Ergebnisüberprüfung in der Ähnlichteilsuche wird vom Anwender die Entscheidung getroffen, ob die vom System aufgrund der festgelegten Suchbedingung vorgeschlagenen Elemente tatsächlich ähnlich im Sinne der Anforderungen sind, oder ob sie aufgrund unzureichender Übereinstimmung den Ähnlichkeitsanforderungen nicht genügen.

Diese Entscheidung wird vom System abgefragt und muß vom Bediener quittiert werden. Für jedes als ähnlich akzeptierte Element bildet das System diese Ähnlichkeitsbeziehung auf der Datenbank ab. Werden bei einer Suche mehrere geeignete Elemente ermittelt, so führt dies zu verzweigten Strukturen. Aus vielen einzelnen Beziehungen entsteht bei fortgesetzter Eingabe letztlich ein Netz aus Ähnlichkeitsbeziehungen, das fortwährend durch Benutzereingaben aktualisiert und erweitert wird.

Die datentechnische Umsetzung erfolgt über eine einfache Relation, in der die beiden zueinander ähnlichen Elemente einander gegenübergestellt werden. Diese Datentabelle ist Bestandteil der Objektdatenbank und wird klassenspezifisch angelegt. Das bedeutet, es können nur Beziehungen zwischen Elementen einer Klasse abgebildet werden. Die spiegelbildliche Speicherung der Beziehungen ermöglicht einen wesentlich schnelleren Zugriff auf die Informationen und damit eine entsprechende Antwortzeitverbesserung bei der Auswertung.

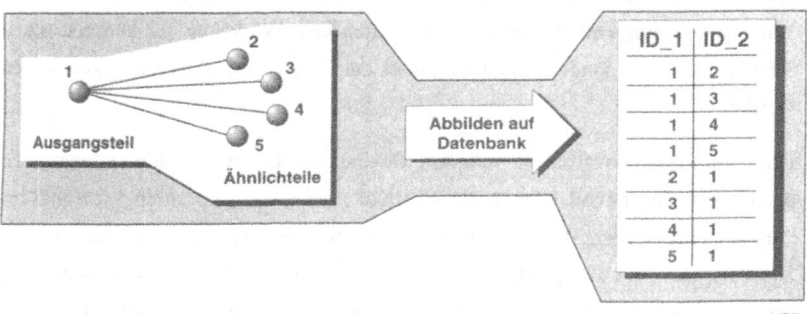

Bild 6-20: Abbildung der Ähnlichkeitsbeziehungen

6.5.2   Auswertung der Ähnlichkeitsbeziehungen

Für die Auswertung der Ähnlichkeitsbeziehungen werden folgende Annahmen zugrunde gelegt:

- Wenn Element A zu Element B ähnlich ist und Element B zu Element C ähnlich ist, so besteht auch zwischen den Elementen A und C Ähnlichkeit.

- Mit fortschreitender Vorfolgung einer Kette von Ähnlichkeitsbeziehungen und damit einer zunehmenden Entfernung zum Ausgangselement sinkt die Möglichkeit, eine verläßliche Aussage über die Ähnlichkeit zu diesem Element zu machen.

Beide Regeln stellen keine analytische Gesetzmäßigkeit dar, sondern liefern in erster Linie eine qualitative Aussage über die Beschaffenheit der betrachteten Elemente. Trotz der zu erwartenden Unschärfe der Analyse können auf diese Weise Anhäufungen ähnlicher Elemente auch in komplexen Objektspektren ermittelt und damit Ansatzpunkte für Standardisierungen aufgezeigt werden. Der Aufgabenstellung entsprechend soll hier auch kein Werkzeug zur automatischen Standardisierung, sondern ein Hilfsmittel zur Transparenzsteigerung geschaffen werden.

Die Auswertungsverfahren müssen flexibel gesteuert werden können. Es erscheint nicht sinnvoll, immer alle Ähnlichkeitsbeziehungen uneingeschränkt bis zum jeweiligen Ende der Kette weiter zu verfolgen. Bei intensiver Nutzung des Systems kann ein zusammenhängendes, die gesamte Klasse umfassendes Netz von Beziehungen aufgebaut werden. Eine uneingeschränkte Auswertung würde als Ergebnis somit alle Objekte der Klasse als Gruppe ähnlicher Elemente liefern, obwohl zwischen den jeweils am weitesten entfernten Objekten deutliche Unterschiede bestehen dürften.

Die Auswertung der gespeicherten Ähnlichkeitsbeziehungen kann nach unterschiedlichen Gesichtspunkten erfolgen. Vom System werden zwei Auswertungsverfahren unterstützt:

- Bei der *gezielten Analyse* wird ein Ausgangselement als "Kristallisationspunkt" vorgegeben. Ausgehend von diesem Element, werden alle Ähnlichkeitsbeziehungen über eine einstellbare Anzahl von Elementen weiterverfolgt und die ermittelten Elemente zu einer Gruppe zusammengefaßt.

- Bei der *allgemeinen Analyse* führt das System selbständig eine Clusterung durch, indem es die Elemente als Ausgangspunkt wählt, die über die höchste Anzahl von Beziehungen zu anderen Elementen verfügen. Durch diese Clusterung können Strukturen innerhalb des Spektrums ermittelt und als Ausgangspunkt für gezielte Analysen mit Hilfe des ersten Verfahrens genutzt werden.

6.5.2.1 Gezielte Analyse

Im Rahmen dieses Analyseverfahrens werden ausgehend von einem vorgegebenen Startelement alle Ähnlichkeitsbeziehungen über eine frei bestimmbare Zahl von Knotenpunkten weiterverfolgt. Die ermittelten Elemente werden anschließend in einer Tabelle zusammengefaßt dargestellt. So kann beispielsweise untersucht werden, ob im Rahmen der Arbeitsplanerstellung die Erzeugung eines Standardarbeitsplans für eine bestimmte Gruppe von Werkstücken sinnvoll ist, oder ob eine bisher variantenreiche konstruktive Lösung nicht durch eine standardisierte Lösung ersetzt werden kann.

Der Bediener gibt bei diesem Verfahren das Ausgangselement und die maximale Anzahl von Schritten vor, über die die Ähnlichkeitsbeziehungen weiter verfolgt werden sollen.

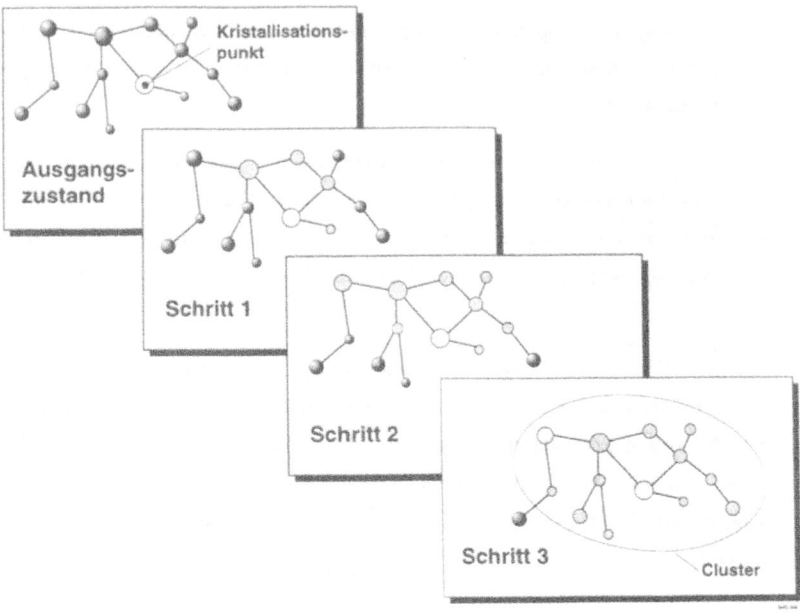

*Bild 6-21: Clusterung um einen vorgegebenen Kristallisationspunkt mit Schritt-
weite 3*

Über eine Datenbankabfrage ermittelt das System zunächst die Elemente, die
zum Ausgangselement direkt in Beziehung stehen und speichert sie mit der
Schrittzahl 1 auf der Datenbank ab. Anschließend werden zu jedem dieser
Elemente wiederum alle Elemente ermittelt, die in direktem Bezug stehen und
das Ergebnis mit der Schrittzahl 2 auf der Datenbank abgelegt. Auf diese Weise
werden ausgehend vom "Kristallisationspunkt" alle gespeicherten Beziehungen
schrittweise verfolgt, bis die vorgegebene maximale Schrittzahl überschritten
wird. Durch dieses Vorgehen kann selbst bei einer relativ geringen Anzahl von
Schritten durch den auftretenden Schneeballeffekt eine große Zahl ähnlicher
Elemente gruppiert werden. Mehrfachnennungen von Elementen, die bei
komplexeren Vernetzungen auftreten können, werden automatisch eliminiert. Als
Ergebnis liefert dieses Verfahren somit eine Liste von Elementen, die sich innerhalb eines vorgegebenen "Abstandes" um ein bestimmtes Ausgangselement

befinden und die aufgrund zahlreicher Bedienereingaben einen hohen Grad an Ähnlichkeit erfüllen.

6.5.2.2 Allgemeine Analyse

Während bei der gezielten Analyse ähnliche Elemente um ein vorgegebenes Ausgangselement gruppiert werden, wird bei der allgemeinen Analyse die gesamte Klasse betrachtet und eine vorgegebene Anzahl möglichst homogener Cluster gebildet. Der Bediener kann hierbei sowohl die Anzahl als auch den Gruppierungsradius vorgeben. Dieses Verfahren liefert als Ergebnis Elementegruppen hoher Homogenität und damit mögliche Ansatzpunkte für Standardisierungen. Die allgemeine Analyse kann somit auch als Basis für gezielte Untersuchungen bezüglich bestimmter, hierbei ermittelter Elementegruppen verstanden werden.

Ziel dieser Untersuchung ist nicht eine möglichst "flächendeckende" Untergliederung der gesamten Klasse in eine bestimmte Anzahl von Untergruppen, sondern die Ermittlung der dichtesten Anhäufungen zueinander ähnlicher Elemente innerhalb einer Klasse. Der zentrale Aspekt dieses Auswertungsverfahrens ist somit die sinnvolle Bestimmung der Ausgangspunkte und der Vorgehensweise bei der Gruppenbildung. Die Clusterung ist so vorzunehmen, daß der Schneeballeffekt am stärksten auftritt und so die meisten Elemente innerhalb einheitlicher Gruppen gebunden werden.

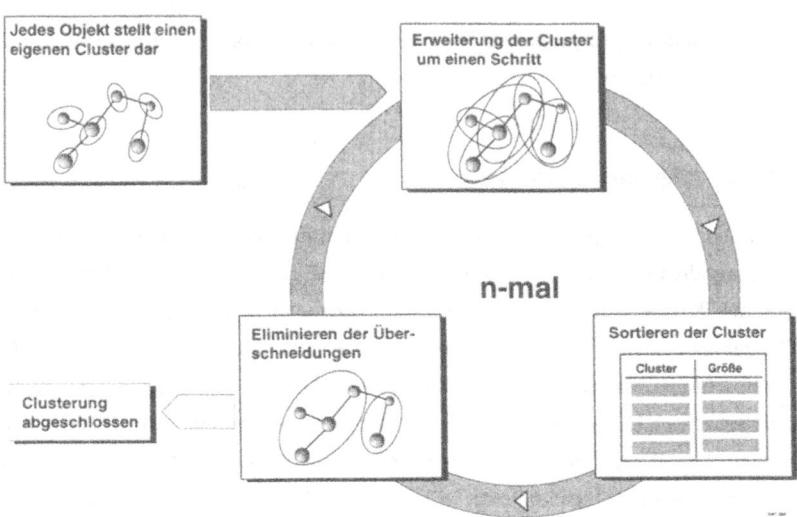

Bild 6-22: Vorgehen bei der allgemeinen Analyse

Bei dieser Auswertung wird zunächst jedes Element, das über mindestens eine Ähnlichkeitsbeziehung verfügt, als Ausgangspunkt gewählt und die Clusterung ohne Berücksichtigung möglicher Überschneidungen durchgeführt. Die ermittelten Elementegruppen werden nun absteigend nach ihrem Umfang sortiert. Zur Eliminierung vorhandener Überschneidungen wird zunächst die größte Elementegruppe ausgewählt und alle Elemente, die auch in anderen Gruppen enthalten sind, dort gelöscht. Anschließend erfolgt eine erneute Sortierung. Nun wird mit der zweitgrößten Gruppe nach demselben Muster verfahren. Die Reduzierung der Überschneidungen wird also dadurch erreicht, daß die Schnittmengen zwischen den Gruppen jeweils der größeren zugeschlagen werden. Die kleineren Gruppen verlieren hierdurch an Gewicht, die größeren gewinnen an Bedeutung. Am Schluß werden die kleinsten Gruppen gelöscht, so daß lediglich die gewünschte Anzahl von Clustern verbleibt.

7   Anwendungsbeispiel

Die Umsetzbarkeit des erarbeiteten Konzept wurde durch die Realisierung eines Prototypen des Systems nachgewiesen. In diesem Zusammenhang wurden nicht ausschließlich Laborversuche gefahren, sondern in einem halbjährigen Test in einem Industrieunternehmen die Praxistauglichkeit belegt. Als Beispiel wurde die Arbeitsplanung gewählt: Auch, um zu zeigen, daß die Ähnlichteilsuche keine Domäne der Konstruktion ist, sondern in allen Unternehmensbereichen entlang der Prozeßkette einen hohen Nutzen erbringen kann.

7.1   Ausgangssituation

Das betrachtete Unternehmen stellt spezielle unter Last schaltbare Fahrzeuggetriebe und Schiffs- und Industriegetriebe in überwiegend kleinen und kleinsten Stückzahlen her. Gerade im Schiffsgetriebebau überwiegt die Stückzahl eins. Entscheidende Wettbewerbsfaktoren des Unternehmens sind die hohe Verarbeitungsqualität und die große Leistungsdichte der Aggregate.

Diese Qualitäten werden erkauft über eine hohe geometrische und technologische Komplexität der Einzelteile. Neben engen Toleranzen, höchsten Anforderungen an die Oberflächenqualität und Warmbehandlungen zur Erzielung einer ausreichenden Festigkeit und Oberflächenhärte führt insbesondere auch die Bauteilgröße (bei Schiffsgetrieben Zahnraddurchmesser von 2m und darüber) zu komplexen Produktionsvorgängen.

Hieraus resultiert ein entsprechend hoher Aufwand in den der Produktion vorgelagerten Bereichen, insbesondere auch in der Arbeitsplanung. Die entstehenden Kosten können nicht auf größere Stückzahlen umgerechnet werden und schlagen sich deshalb merklich auf die Herstellungskosten nieder. Rationalisierungsbestrebungen müssen somit in erster Linie auch auf die indirekten Bereiche im Fertigungsvorfeld abzielen.

Möglichkeiten der Rationalisierung durch die Nutzung von standardisierten Bauelementen werden zwar vereinzelt genutzt, lassen sich jedoch aufgrund der hohen technologischen Anforderungen der Kunden nur bedingt einsetzen und scheitern häufig an kleinen, aber elementaren Problemen. In vielen Fällen werden deshalb Neuentwicklungen und -planungen durchgeführt, die zwar auf bekannten Konzepten beruhen, jedoch nicht in expliziter Beziehung zu früheren Lösungen stehen. Um diese Beziehung herzustellen und so die Möglichkeit der Nutzung bereits vorhandener Informationen zu erschließen, bietet sich die Ähnlichteilsuche an (siehe Kapitel 1.2).

Die Ähnlichteilsuche erfolgte bislang auf der Basis eines fünfstelligen technologieorientierten Klassifizierungsschlüssels nach Opitz bzw. über individuelle, manuelle Aufzeichnungen der Arbeitsplaner. Beide Maßnahmen werden jedoch den Erwartungen nicht gerecht. Der zeitliche Anteil der Neuplanungen am gesamten Planungsaufwand liegt mit ca. 50% sehr hoch, zumal die Aufgabenstellungen prinzipiell häufig ähnlich sind.

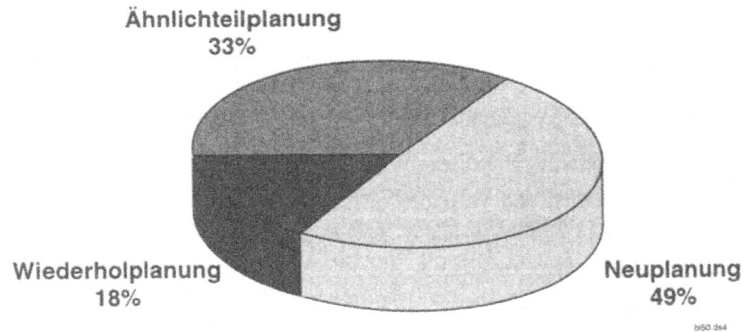

Bild 7-1: Zeitlicher Anteil der Neuplanungen am Gesamtplanungsaufwand

7.2   Zielsetzung

Ziel der Prototypentwicklung und der umfangreichen Tests war der Nachweis der Umsetzbarkeit des vorliegenden Konzepts. Im Praxisbetrieb sollte das System seine Tauglichkeit unter Beweis stellen und durch die Ermittlung von Aufwand und Nutzen das Rationalisierungspotential ermittelt werden, das durch den Einsatz des Systems ausgeschöpfte werden kann.

Im Mittelpunkt der Betrachtungen stand hierbei die Aufgabe, eine Beschreibungssystematik und ein Suchsystem so zu entwickeln, daß eine möglichst hohe Trefferquote bei der Suche nach ähnlichen Arbeitsplänen gewährleistet ist, ohne den Aufwand für die Eingabe der Daten, die Datenverwaltung und die Ähnlichteilsuche gegenüber dem bisherigen Vorgehen deutlich zu erhöhen. Beispielhaft sollte dies für rotationssymmetrische Getriebeinnenteile durchgeführt werden, die aufgrund ihrer hohen Zahl und ihrer technologischen Komplexität den weitaus größten zeilichen Anteil bei der Arbeitsplanerstellung ausmachen.

7.3   Vorgehen

7.3.1   Übersicht

Auf der Basis des in Kapitel 5 und 6 festgelegten Konzepts wurden die wesentlichen Systemfunktionen realisiert und getestet. Die Objektbeschreibungen der vorhandenen Werkzeuge zur Ähnlichteilsuche wurden einer intensiven Analyse unterzogen, Arbeitsplaner über ihre Erfahrungen und Wünsche interviewt und so die anwendungsspezifische Objektbeschreibung entwickelt. Diese Struktur wurde unter Beachtung der in Kapitel 6.1.5 dargestellten Gestaltungsregeln auf das System abgebildet und damit eine unternehmensspezifische Konfiguration geschaffen. Anschließend wurde das System in einem halbjährigen Praxistest vor Ort durch Arbeitsplaner getestet.

Nachfolgend wird auf die einzelnen Schritte der Realisierung detailliert eingegangen und die Ergebnisse des Praxistests zusammengefaßt. Die hierbei gewonnenen Erkenntnisse werden in einer anschließenden Bewertung diskutiert.

7.3.2 Realisierung des Systems

Der erste Schritt bei der Realisierung bestand in der Umsetzung des Konzeptes
und der Programmierung des prototyphaften Suchsystems. Als Basis wurde das
relationale Datenbanksystem Ingres gewählt. Ausschlaggebend für die Wahl der
relationalen Datenbank im Gegensatz zu auch verfügbaren objektorientierten
Datenbanksystemen war der Wunsch einer späteren Portierung auf eine andere,
im Unternehmen bereits verfügbare relationale Datenbank, die zum Zeitpunkt der
Systementwicklung jedoch über kein für die Entwicklung des Prototypen geeignetes Hilfsmittel verfügte.

Das Suchsystem wurde über das graphische Entwicklungswerkzeug
Windows4GL von Ingres realisiert. Es handelt sich hierbei gleichermaßen um
eine graphische Entwicklungsumgebung und eine objektorientierte Programmiersprache. Das Entwicklungswerkzeug eignet sich insbesondere für die Erstellung
von Prototypen. Zunächst wurden entsprechend der Systemstruktur Bildschirm-
masken mit allen erforderlichen Ein- und Ausgabefeldern sowie den Elementen
zur Systemsteuerung, wie z.B. Menüs, entworfen. Der eigentliche Programmcode
wurde anschließend an diese graphischen Elemente angehängt und damit ihr
Verhalten zur Laufzeit des Systems bestimmt. Letztlich entstand so ein in einer
objektorientierten Programmiersprache entwickeltes System, das über einge-
bundene SQL-Befehle auf eine relationale Datenbank zugreift.

Da viele Arbeitsplaner bislang keine Erfahrungen mit graphischen Oberflächen
und deren Bedienelemente gemacht hatten, wurde bei der Realisierung auf eine
möglichst einfache Gestaltung der Benutzerschnittstelle geachtet. Auf die
Entwicklung komplexer Menüstrukturen wurde zugunsten einfacher Pushbuttons
verzichtet. Durch die frühzeitige Einbeziehung der Arbeitsplaner in die
Realisierung konnte das System sowohl in funktionaler Hinsicht als auch
bezüglich der Bedienung optimiert werden.

7.3.3 Entwicklung der anwendungsspezifischen Objektbeschreibung

Bei der Gestaltung der anwendungsspezifischen Objektbeschreibung wurden die in Kapitel 6.1.5 aufgeführten Gestaltungsregeln besonders beachtet. Vorbereitend waren die relevanten Merkmale über Analysen vorhandener Systeme und über Interviews mit den Planern herausgearbeitet worden. Diese Merkmale wurden dann auf die drei Ebenen der Objektbeschreibung verteilt.

Besondere Sorgfalt mußte auf die kritische erste Ebene - die Klassifizierung - verwendet werden. Fehler in der Gestaltung dieses Bereichs hätten sich nachteilig auf die längerfristige Nutzungsmöglichkeit des Systems auswirken können. Deshalb wurde eine sehr flache, einstufige Klassenhierarchie gewählt, die im wesentlichen die Struktur der Produkte wiedergibt und sich somit entsprechend den Gestaltungsrichtlinien an "natürlichen" Klassen orientiert. In einem Getriebe sind neben dem Gehäuse insbesondere rotationssymmetrische Innenteile von Bedeutung. Darüber hinaus existieren noch eine Reihe schwer definierbarer Sonderteile, wie z.B. Rohrleitungen. Durch die Beschränkung auf Einzelteile und den Ausschluß von Baugruppen reduzierte sich die Hierarchie auf lediglich drei Klassen (Bild 7-2).

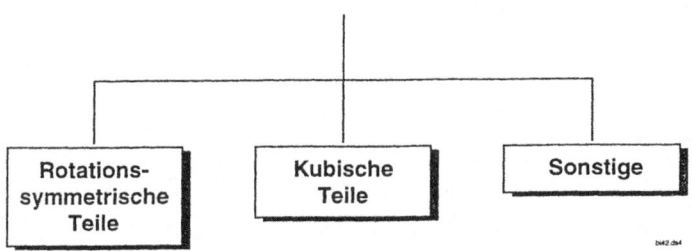

Bild 7-2: Klassen innerhalb des Teilespektrums

Unter "Rotationssymmetrische Teile" wurden z.B. alle Zahnräder, Flansche und Wellen zusammengefaßt. Wesentliches Kriterium für die Einstufung eines Bauteils in diese Klasse war die Existenz eines zunächst rotationssymmetrischen

Grundkörpers, der typischerweise durch eine Drehbearbeitung erzeugt wird. Nachfolgende Bohr-Fräsbearbeitungen, die unter Umständen zu einem "unrunden" Erscheinungsbild des Bauteils beitragen, fielen für das Klassieren nicht ins Gewicht.

"Kubische Teile" beinhalteten Getriebegehäuse oder auch Gehäuse von hydraulischen Steuereinheiten, die vorrangig über Bohr- und Fräsbearbeitungen erzeugt werden.

In der Klasse "Sonstige" wurden alle Einzelteile zusammengefaßt, die nicht eindeutig in eine der anderen Klassen eingestuft werden konnten.

Da der Großteil des Planungsaufwands im Bereich "Rotationssymmetrische Teile" liegt und eine Ähnlichteilsuche gerade in diesem Bereich besonders erfolgversprechend erschien, wurden die Ebenen zwei und drei der Objektbeschreibung im Prototypen nur für diese Klasse durchgeführt.

Sachmerkmalgestützt wurden alle kontinuierlichen Merkmale und alle Eigenschaften, die sich einheitlich auf die gesamte Klasse beziehen, abgebildet. Von besonderer Bedeutung waren hierbei Informationen über die geometrische und technologische Beschaffenheit der Teile (Bild 7-3). Neben Angaben über die Abmessungen der Teile wurden auch technologische Informationen, wie z.B. der Problemkreis Werkstoff-Warmbehandlung, auf das System abgebildet.

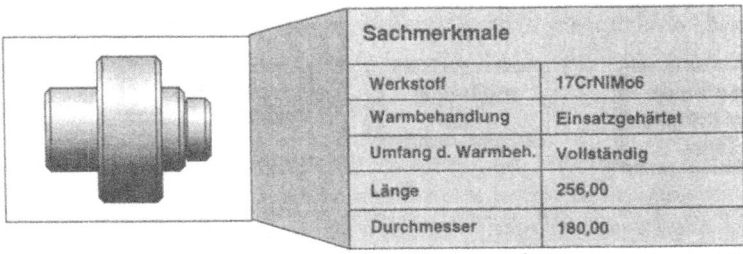

Bild 7-3: Sachmerkmale

Insgesamt wurde versucht, mit möglichst wenigen, aber aussagekräftigen Merkmalen eine möglichst treffende Charakterisierung der jeweiligen Planungsaufgabe sicherzustellen und gleichzeitig den erforderlichen Eingabeaufwand auf niedrigem Niveau zu halten.

Die deskriptorgestützte Beschreibung wurde genutzt, um Eigenschaften, die nicht klasseneinheitlich auftreten, abzubilden. Von besonderer Bedeutung war hierbei das Erfassen spezieller, fertigungstechnisch relevanter Konturelemente. Nuten, Bohrungen oder Verzahnungen wurden über Deskriptoren charakterisiert und so die Fertigungsproblematik detailliert umschrieben (Bild 7-4).

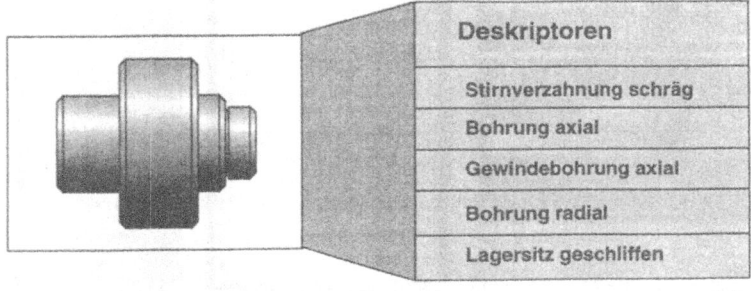

Bild 7-4: Deskriptoren

7.3.4 Praxistest

In einem umfangreichen Test sollte das entwickelte System seine Praxistauglichkeit demonstrieren. Bereits während der Realisierung wurde in verschiedenen Tests das Potential des Systems untersucht und die späteren Anwender mit in die Gestaltung einbezogen. In Bild 7-5 ist die Bedienoberfläche des Systems dargestellt.

Im Rahmen der Systementwicklung war als Ausgangsbasis ein Datenbestand von ca. 1000 typischen Teilen eingegeben worden. Vor dem Hintergrund von insgesamt weit über 50000 Teilen im Unternehmen erschien der Datenbestand für eine erfolgreiche Suche zwar relativ gering, sollte jedoch zur Vermeidung eines zusätzlichen Eingabeaufwands zunächst als Basis dienen. Mehrere Monate lang wurde das System vor Ort durch Arbeitsplaner im täglichen Einsatz auf seine Praxistauglichkeit hin untersucht.

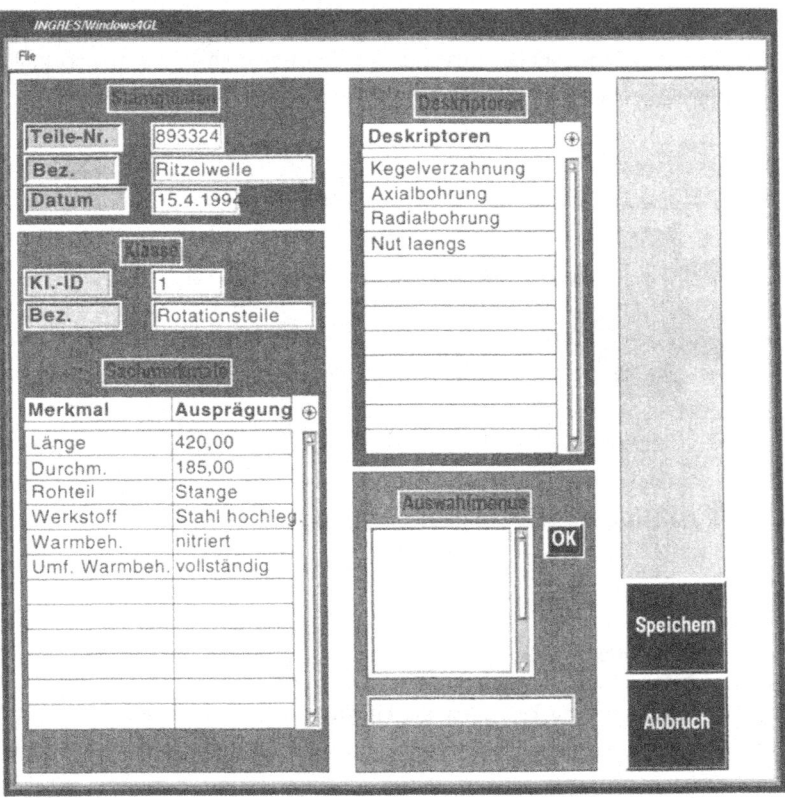

Bild 7-5: Bedienungsoberfläche des Systems

Im Rahmen eines umfangreichen Tests wurde anschließend das Potential des Systems ausgelotet. In der Arbeitsplanung wurden über einen Monat hinweg die Teile gesammelt, die von Grund auf neu geplant werden mußten, bei denen also weder durch das vorhandene Klassifizierungssystem noch durch die individuellen Aufschreibungen der Planer ein brauchbares Ähnlichteil gefunden werden konnte. Als Ergebnis dieser Sammlung konnte ein "harter Kern" von 59 Teilen ermittelt werden, für den ein durchschnittlicher Planungsaufwand von 4,5 Stunden erforderlich war.

Für diese 59 "Härtefälle" wurde anschließend die Ähnlichteilsuche durchgeführt. Der Zeitaufwand für die Suche lag insgesamt bei etwa 2,5 Stunden. Die vom System vorgeschlagenen potentiellen Ähnlichteile wurden daraufhin von erfahrenen Arbeitsplanern auf die tatsächliche Ähnlichkeit hin untersucht.

Für 35 dieser Teile (ca. 60%) konnte ein geeignetes Ähnlichteil gefunden werden, wäre also eine Neuplanung nicht nötig gewesen. Bei einigen Teilen war der Grad der Übereinstimmung so hoch, daß eine direkte Verwendung der Arbeitspläne der Ähnlichteile praktisch ohne Änderung möglich gewesen wäre. Legt man eine durchschnittliche Bearbeitungszeit von zwei Stunden für die Ähnlichplanung zugrunde, so hätten in diesem Fall etwa 70 Arbeitsstunden eingespart werden können (Bild 7-6).

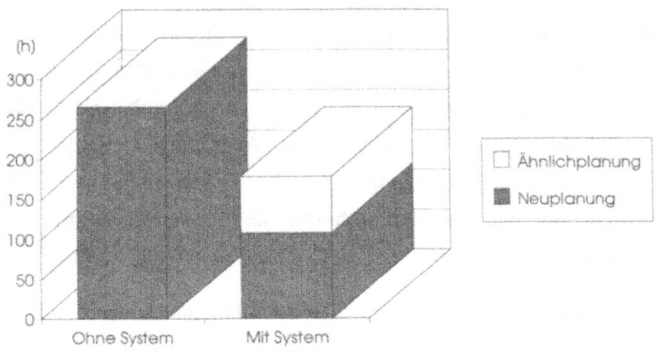

Bild 7-6: Einsparungspotential

Während der Suche nach ähnlichen Lösungen wurden fortlaufend Ähnlichkeitsbeziehungen auf das System abgebildet. In unregelmäßigen Abständen wurde untersucht, ob die Auswertung dieser Beziehungen zu brauchbaren Ergebnissen führen. Nach anfänglichen Fehlschlägen, die auf eine unzureichende Anzahl gespeicherter Ähnlichkeitsbeziehungen und damit auf eine zu geringe Vernetzung zwischen den Teilen zurückgeführt werden konnte, kristallisierten sich gegen Ende der Testphase deutlich Bereiche höherer Vernetzung heraus. Durch genauere Untersuchung dieser Abhängigkeiten konnten Ansatzpunkte für Standardisierungen ermittelt werden. So konnten für bestimmte Stirnräder oder Wellen mit Kegelverzahnungen so hohe Übereinstimmungen in den zugeordneten Arbeitsplänen festgestellt werden, daß die Nutzung von Standardarbeitsplänen für diese Bauteile möglich war.

7.4   Bewertung des Systems

Das System erwies sich bei der Suche nach ähnlichen Lösungen im täglichen Einsatz als äußerst leistungsfähig und konnte trotz seiner geringen Datenbasis eine überraschend hohe Anzahl brauchbarer Ähnlichteile ermitteln. Besonders die gelungene anwendungsspezifische Konfiguration und die Möglichkeit, sich flexibel und schrittweise an ein optimales Ergebnis heranzutasten, trugen zu dem erfolgreichen Einsatz bei.

Der Versuch, aus einer Vielzahl gespeicherter Ähnlichkeitsbeziehungen Ansatzpunkte für Standardisierungen herauszubilden, erwies sich ebenfalls als erfolgreiches Konzept. Bereits nach kurzem, wenig intensivem Einsatz konnten Bereiche im Teilespektrum ermittelt werden, die für Standardisierungen geeignet schienen. In diesem Zusammenhang zeigte sich auch, daß eine nur geringe Steigerung der Transparenz des Teilespektrums und seiner unscharfen Strukturen zu deutlichen Verbesserungen führen kann. Vielen Arbeitsplanern waren derartige Ähnlichkeiten unbewußt bekannt und wurden nach der Identifikation auch sofort bestätigt. Eine aktive, von ihnen ausgehende Formulierung derartiger Übereinstimmungen war jedoch aufgrund unzureichender Übersichtlichkeit nicht möglich.

Während der Testphase wurde deutlich, daß gerade auch für den Bereich Arbeitsplanung ein erheblicher Unterschied zwischen merkmalgestützter und tatsächlicher Ähnlichkeit besteht. Trotz guter Erfolge wurden vom System auch immer wieder Ähnlichteile vorgeschlagen, die sich bei genauer Prüfung als ungeeignet erwiesen. Diese Diskrepanz zwischen merkmalgestützter und tatsächlicher Ähnlichkeit war in diesen Fällen auf zumeist kleine Unterschiede im strukturellen Aufbau oder auf nicht erfaßte und mit vertretbarem Aufwand auch nicht erfaßbare Merkmale zurückzuführen. So führten z.B. kleine Maßänderungen dazu, daß auf andere Werzeugmaschinen ausgewichen werden mußte, die jedoch über einen eingeschränkten Funktionsumfang verfügten, so daß beispielsweise eine Komplettbearbeitung nicht mehr möglich war und deshalb der gesamte Arbeitsplan umgestellt werden mußte. In anderen Fällen führten Konstruktionsvorgaben zu zusätzlich erforderlichen Warmbehandlungen, die zu einem komplett anderen Arbeitsplanaufbau beitrugen. Dies ist als deutlicher Hinweis zu werten, daß automatische, merkmalgestützte Verfahren bei komplexen Aufgabenstellungen, wie sie die Konstruktion oder die Arbeitsplanerstellung darstellen, mit einem hohen Unsicherheitsfaktor behaftet sind.

Aus dieser Problematik ergibt sich die Notwendigkeit, die vom System vorgeschlagenen Ähnlichteile einer ständigen Prüfung zu unterziehen. Eine manuelle

Kontrolle über papiergestützte Informationen ist in diesem Zusammenhang zu aufwendig. Die Realisierung entsprechender Schnittstellen zu den betreffenden archivierten Daten erscheint deshalb unabdingbar, konnte im vorliegenden Fall jedoch aufgrund systemtechnischer Gegebenheiten nicht umgesetzt werden.

Als problematisch wird die Akzeptanz derartiger Informationssysteme gesehen. Selbst nach dem Eingewöhnungsprozeß wurde vielfach auf die Nutzung des Systems verzichtet bzw. die Möglichkeit seines Einsatzes vergessen. Zwei Maßnahmen zur Steigerung der Akzeptanz erscheinen dehalb wesentlich. Zum einen kommt der Motivation der Mitarbeiter, ihre eigene Vorgehensweise ständig zu überdenken, zu optimieren und so die Nutzung vorhandener Werkzeuge zur Ähnlichteilsuche als wichtig zu betrachten, gesteigerte Bedeutung zu. Zum anderen müssen derartige Informationssysteme in bestehende, zur Auftragsbearbeitung genutzte Systeme integriert und als fester Bestandteil der Auftragsbearbeitung etabliert werden.

8   Wirtschaftliche Betrachtung des Systemeinsatzes

8.1   Einleitung

Wie in Kapitel 7.3.4 kurz angeschnitten lassen sich durch den Einsatz des Systems erhebliche Einsparungspotentiale freisetzten. Die Wiederverwendung vorhandener Entwicklungsergebnisse und die vermehrte Nutzung standardisierter Lösungen wirken sich in mehrfacher Weise positiv auf die klassischen Wettbewerbsfaktoren Kosten, Zeit und Qualität und damit auf die Marktposition des Unternehmens aus.

Dem erzielbaren Nutzen steht jedoch ein Mehraufwand durch den Systemeinsatz entgegen. In der folgenden Gegenüberstellung werden die einzelnen Faktoren kurz diskutiert und ihr Einfluß auf das Kosten-Nutzen-Verhältnis dargestellt.

8.2   Nutzen

Durch die Wiederverwendung vorhandener Entwicklungsergnisse ergeben sich folgende nutzbare Vorteile:

- **Verringerung des zeitlichen Entwicklungsaufwands:** Diese zeitliche Einsparung kann direkt in Kostenvorteile und geringere Durchlaufzeiten umgesetzt werden oder die gewonnene Zeit in eine sorgfältigere Planung investiert und so in einen Qualitätsvorteil umgewandelt werden. Sie stellt das größte Einsparungspotential dar. Entwicklungszeiten lassen sich teilweise bis auf einen Bruchteil reduzieren.

- **Geringere Fehlerquoten:** Die Verwendung ausgereifter Lösungen verringert die Wahrscheinlichkeit von Produktfehlern und führt damit zu höherer Produktqualität. Typische "Kinderkrankheiten" neuer Produkte können so vermieden werden. Dieser Nutzen ist fallspezifisch hohen Schwankungen unterworfen und nicht quantifizierbar. Sein Einfluß auf das Aufwand-Nutzen-Verhältnis ist im allgemeinen eher begrenzt.

- **Kürzere Einarbeitungszeiten neuer Mitarbeiter:** Neue Mitarbeiter können sich durch den Bezug auf ähnliche Beispiele schneller firmenspezifisches Know-how aneignen, ohne erfahrene Kollegen durch zahlreiche Fragen zu sehr zu belasten. Dieser Faktor ist entscheidend von der Fluktuation im betreffenden Bereich und der Komplexität der Aufgabe abhängig und kann somit nicht allgemeingültig quantifiziert werden. Fallabhängig lassen sich jedoch erhebliche Einsparungspotentiale freisetzen.

Die Standardisierung von Produktlösungen bietet grundsätzlich die gleichen Vorteile, wie die Ähnlichteilsuche. Darüber hinaus sind folgende Nutzen zu nennen:

- **Einsparungen bei Standardisierungsvorhaben:** Ansatzpunkt für Standardisierungen können schneller erkannt und zielgerichteter ausgewertet werden. Dadurch lassen sich erhebliche Einsparungspotentiale nutzen.

- **Reduzierung des Datenverwaltungsaufwandes:** Die Verwaltung von Daten verursacht Kosten, die auf die Anzahl von Stammsätzen zurückgeführt werden können. Durch die Reduktion von Varianten und damit die Vermeidung neuer Stammsätze kann dieser Verwaltungsaufwand reduziert werden. Die Kosten pro Stammsatz liegen teilweise im Bereich einiger hundert D-Mark (EIGNER U. A. 1993, S. 42), so daß durch diese Maßnahme auch erhebliche Einsparungspotentiale freigesetzt werden können.

- **Transparenzsteigerung firmenspezifischen Know-how's:** Beim Erarbeiten von Standardlösungen wird firmenspezifisches Know-How explizit formuliert und strukturiert. Durch diese Steigerung der Transparenz kann der Überblick über firmeninternes Wissen verbessert werden. Der Einfluß auf das Kosten-Nutzenverhältnis ist gering.

8.3   Aufwand

Bei den Aufwendungen für das System ist zu unterscheiden in einmalig auftretende Kosten im Rahmen der Systemeinführung und in kontinuierlich während der gesamten Systemnutzung auftretende Kosten.

Einmaliger Aufwand:

- **Softwaretechnische Realisierung:** Zur softwaretechnischen Umsetzung des Konzepts sind umfangreiche Programmierarbeiten erforderlich. Aufgrund

vorliegender Angebote verschiedener Softwarehäuser muß mit Programmier-
kosten in Höhe von ca. 50.000 DM gerechnet werden. Damit stellt dieser Faktor
eine erheblichen Anteil der Anfangsinvestitionen dar.

- **Bereitstellen der Hardware:** Die Realisierung des Systems kann grundsätzlich
  auf vielen gängigen Hardwareplattformen durchgeführt werden und damit eine
  Anpassung an vorhandene Rechnersysteme erfolgen. Bei der Nutzung
  vorhandener Infrastruktur ist nur mit geringen Zusatzkosten zu rechnen.

- **Konfiguration des Systems:** Vor dem Einsatz ist das System an den jeweiligen
  Anwendungsfall anzupassen und dabei eine fallspezifische Objektbeschreibung
  zu entwickeln. Bei der Tätigkeit werden erfahrene Mitarbeiter längere Zeit
  gebunden, so daß erhebliche Kosten entstehen.

- **Datengrundbestand eingeben:** Vor der eigentlichen Nutzung des Systems ist
  ein Grundbestand an Daten einzugeben. Dieser Aufwand fällt unabhängig von
  der Einführungsstrategie an, kann jedoch durch den Einsatz angelernter
  Arbeitskräfte erheblich reduziert werden.

Während des Systemeinsatzes treten folgende Kostenfaktoren auf:

- **Eingabe- und Suchaufwand:** Jede neue Entwicklungslösung muß auf das
  System über die festgelegte Objektbeschreibung abgebildet werden. Die Suche
  nach vorhandenen Lösungen erfordert ebenfalls einen Zusatzaufwand. Durch die
  mögliche Kombination beider Vorgänge (siehe Kapitel 6.4.3) kann der Aufwand
  erheblich reduziert werden. Mit einem Mehraufwand von einigen Minuten pro
  Teil ist jedoch zu rechnen.

- **Auswertungsaufwand:** Die Auswertung von Ähnlichkeiten ist ein rechen-
  intensiver Prozeß, dessen zeitliche Dauer von der Anzahl abgebildeter
  Ähnlichkeitsbeziehungen und dem Umfang an gespeicherten Objekten abhängt.

- **Daten- und Systempflege:** Das Erstellen von Sicherheitskopien oder die
  Anpassung der Systemkonfiguration an veränderliche Randbedingungen verur-
  sacht Kosten, die jedoch keinen entscheidenden Einfluß auf das Aufwand-
  Nutzen-Verhältnis ausüben.

9 Zusammenfassung und Ausblick

9.1 Zusammenfassung

Die steigende Komplexität der Produkte und Produktionsprozesse bedingt eine Zunahme des Planungsaufwandes in den der Produktion vorgelagerten Bereichen. Die gleichzeitig wachsende Variantenvielfalt führt zu sinkenden Stückzahlen, die eine ausreichende Verteilung der Kosten aus den indirekten Bereichen verhindern und einen steigenden Rationalisierungsdruck auf Konstruktion und Arbeitsvorbereitung ausüben.

Zwei wesentliche Strategien zur Reduzierung des Planungsaufwands im Fertigungsvorfeld sind

- die Wiederverwendung vorhandener Lösungen im Rahmen der Ähnlichteilsuche und

- die Schaffung standardisierter Lösungen sowohl hinsichtlich der Produkte als auch bezüglich der Produktionsprozesse und -mittel.

Entsprechend dieser beiden Rationalisierungsansätze liegt auch dieser Arbeit eine zweistufige Zielsetzung zugrunde. Zum einen soll die Ähnlichteilsuche unterstützt und andererseits durch die Identifikation von Ansatzpunkten für Standardisierungen die Voraussetzung für eine Verringerung der Variantenvielfalt geschaffen werden.

Zur Unterstützung der Ähnlichteilsuche wurde ein Suchsystem konzipiert und realisiert. Basis des Systems ist eine auf drei Detaillierungsebenen verteilte Objektbeschreibung. Neben den bisher für derartige Anwendungsfälle eingesetzten Verfahren Klassifikation und Sachmerkmale kommt hierbei auf der dritten Detaillierungsebene die deskriptorgestützte Objektbeschreibung zum Einsatz. Aufbauend auf der Objektbeschreibung stellt das Suchsystem leistungsfähige Suchfunktionen zur Verfügung, die eine schrittweise Annäherung an die optimale Ähnlichlösung gewährleisten.

Die Standardisierung kann als eine konsequente Weiterentwicklung der Ähnlichteilsuche verstanden werden. Während bei der Ähnlichteilsuche eher zufällige Ähnlichkeiten genutzt werden, erfolgt bei der Standardisierung die gezielte

Zusammenfassung ähnlicher Lösungen. Diese Abhängigkeit zwischen Ähnlichteilsuche und Standardisierung wurde für das System genutzt. Zunächst erfolgt die Ähnlichteilsuche auf der Basis gespeicherter Merkmale. Die so ermittelten potentiell ähnlichen Lösungen werden vom Bediener bei der Ergebniskontrolle auf ihre tatsächliche Übereinstimmung hin untersucht und die hierbei ermittelten Ähnlichkeiten als Beziehungen im System gespeichert. Bei einer fortgesetzten intensiv betriebenen Ähnlichteilsuche entsteht so ein Netz von Beziehungen, das jeweils ähnliche Teile miteinander verbindet. Auf diese Weise kann Erfahrungswissen der Mitarbeiter auf den Rechner abgebildet werden. Durch die Auswertung dieser Beziehungen und die Clusterung ähnlicher Teile können Anhäufungen ähnlicher Teile und damit Ansatzpunkte für Standardisierungen identifiziert werden.

Zur Bestätigung des erarbeiteten Konzepts wurde ein Prototyp des Suchsystems realisiert und in der Arbeitsplanung eines Maschinenbauunternehmens einem Praxistest unterzogen. Trotz einer kleinen Datenbasis konnte das System bei den Versuchen ähnliche Arbeitspläne in großem Umfang ermitteln und damit das Rationalisierungspotential für derartige Anwendungen aufzeigen. Auch die Möglichkeit der Identifikation von Ansatzpunkten für Standardisierungen in einem unübersichtlichen Teilespektrum auf der Basis von gespeicherten Ähnlichkeitsbeziehungen konnte belegt werden.

9.2 Ausblick

Bei dem vorliegenden Konzept zur Unterstützung der Ähnlichteilsuche wird für jeden Anwendungsfall eine möglichst exakt passende vollständige Lösung gesucht. Ein weiterer Ansatz wäre jedoch der Versuch, bestehende Aufgabenstellungen in Teilprobleme zu untergliedern, diese über kleinere Lösungsbausteine abzudecken und so eine modulare Gesamtlösung zu ermitteln. Das dabei zu bewältigende Problem besteht in der Ermittlung der in frage kommenden Lösungsbausteine für ein ganzheitliche Aufgabenstellung.

Die Bedeutung der Informationsverarbeitung wird in Zukunft noch weiter steigen. Anzahl, Umfang und Komplexität der eingesetzten Datenmodelle bzw. entsprechender Partialmodelle werden zunehmen. Die Sicherung der Transparenz dieser

Datenbestände wird sich zu einem die Wettbewerbsfähigkeit mitbestimmenden Problem entwickeln. Leistungsstarke Suchfunktionen, die auch mit unvollständigen oder unscharfen Eingangsinformationen arbeiten können, werden in die entsprechenden Systeme integriert werden oder als zentrale Funktion verfügbar sein. Neben der bereits heute notwendigen strukturierten, an einen Anwendungsfall gebundenen Suche nach vorhandenen Informationen, wie sie beispielsweise durch Sachmerkmalsysteme unterstützt wird, wird zunehmend die Notwendigkeit bestehen, flexibel, ohne direkte Bindung an einen bestimmten Anwendungsfall, Recherchen durchzuführen. Diese Form der Flexibilität kann durch herkömmliche Verfahren nicht mehr in ausreichendem Maße gewährleistet werden, sondern muß durch eine detaillierte, in zunehmenden Maße auch deskriptorgestützte Objektbeschreibung und leistungsfähige Suchfunktionen ergänzt werden.

Eine gewisse Vorstellung, wie derartige Suchsysteme in Zukunft aussehen könnten, vermitteln bereits heute sogenannte "Search Engines" auf dem "WorldWideWeb" des Internet. Aufgrund der komplexen Vernetzung der dort verfügbaren Informationen ohne eine übersichtliche Struktur oder ein gültiges Verzeichnis und der hohen zeitlichen Veränderlichkeit, der diese Informationen unterworfen sind, kann der Überblick durch Indizes oder vergleichbare herkömmliche Maßnahmen nicht mehr gewährleistet werden. Zur Sicherstellung der Transparenz wurden leistungsstarke Search Engines entwickelt, die auf der Basis von Schlagwortkatalogen die Suche nach Informationen ermöglichen, auch wenn nur vage Vorstellungen über den Inhalt der gewünschten Information bestehen. Die Datenbasis dieser Systeme wird aktiv durch das fortgesetzte Analysieren der verfügbaren Informationen gewonnen. Sogenannte "Webcrawler" untersuchen selbständig verfügbare Informationen und generieren Schlagwortkataloge und kurze Abstracts der betreffenden Informationseinheiten. Das Suchsystem schafft sich so die erforderliche Datenbasis selbständig.

Für die betrieblichen Informationssysteme, die nicht ausschließlich Textdateien untersuchen müssen, sondern mit wesentlich komplexeren Datenformaten konfrontiert werden, ist neben dieser aktiven Schlagwortanalyse auch eine passive denkbar. Die Bereitstellung der Deskriptoren könnte durch die angeschlossenen Systeme über entsprechende Schnittstellen erfolgen.

Unabhängig davon, wie zukünftige Informationssysteme beschaffen sein werden, werden die Anforderung an die Flexibilität der Objektbeschreibung und an die

Suchfunktionen so zunehmen, daß mit herkömmlichen Methoden und Werkzeugen, die überwiegend an starre Strukturen gebunden sind, nicht mehr erfolgreich gearbeitet werden kann.

Wesentliche Erkenntnisse können auch aus der Diskrepanz zwischen merkmalgestützter und tatsächlicher Ähnlichkeit für die Zukunft gezogen werden. Komplexe Teile oder schwierige Aufgabenstellungen, wie sie in den Bereichen Konstruktion und Arbeitsplanung das typische Tagesgeschäft darstellen, erfordern zur vollständigen Beschreibung einerseits eine äußerst genaue, merkmalgestützte Beschreibung, die weit über dem Detaillierungsniveau heutiger Systeme liegen muß. Andererseits müssen zur vollständigen Charakterisierung dieser Objekte neben Merkmalen auch strukturelle Informationen abgebildet werden, wie sie z.B. im Aufbau dieser Elemente oder bei Beziehungen zwischen den Elementen und ihrer Umgebung auftreten. Der vielfach unternommene Versuch, über eine rein merkmalgestützte Objektbeschreibung komplexe Aufgaben dieser Art zu lösen, kann nur für Ausnahmefälle erfolgreich sein oder wird nur einer oberflächlichen Betrachtung standhalten.

Die Problematik soll an einem einfachen Beispiel verdeutlicht werden. Die Stellung einer Schachpartie kann vollständig "merkmalgestützt" umschrieben werden, wenn für jedes Feld des Schachbretts bekannt ist, welche Figur darauf steht. Beim Vergleich verschiedener Stellungen wird man erkennen müssen, daß kleine, scheinbar unbedeutende Abweichungen in den "Merkmalen" unter Umständen große Unterschiede in der Spielbewertung bewirken. Bei der rein merkmalgestützten Beschreibung fehlen wesentliche Informationen, die sich aus der Struktur des Spieles ergeben. Die Beziehungen zwischen den Figuren und damit der strukturelle Aufbau des Spiels sind die für den Vergleich zweier Stellungen relevanten Größen und letztlich auch die Informationen, die von Schachspielern verarbeitet werden.

Die Komplexität des Schachspiels ergibt sich aus der über die Anzahl der Züge explosionsartig anwachsenden Zahl von Möglichkeiten. Grundsätzlich ist der Aufbau des Spiels eher "trivial". Eine begrenzte Anzahl von Figuren wird auf eine begrenzte Anzahl von Feldern verteilt und nach vergleichsweise einfachen Regeln bewegt. Problemstellungen im Maschinenbau erscheinen vor diesem Hintergrund weit komplexer. Das Fehlen eindeutig definierter Objekte, komplexe Strukturen bei der Beschreibung technischer Probleme, die Notwendigkeit, diese Problemstellungen auf mehrdimensionale Weise zu betrachten, der vielfache Einfluß stochastischer Größen und teilweise auch die Unmöglichkeit, exakte Angaben über bestimmte Merkmalsausprägungen zu machen, führen zu einem weitaus höheren Grad von Komplexität.

Eine Schachpartie ist merkmalgestützt vollständig beschreibbar und kann unter Umgehung der Spielstruktur rechnergestützt bedingt bewertet werden. Eine tiefer greifende Analyse, die das Kernproblem einer Stellung herausarbeitet, oder gar die Ermittlung von Analogien zu früheren Partien, sind auf diese Weise jedoch nicht möglich. Was bei einer Schachpartie noch begrenzt machbar ist, wird bei technischen Problemen ungleich schwieriger. Der Charakter technischer Problemstellungen vereitelt den Ansatz einer numerischen Lösung. Je komplexer die Problemstellung, desto größer der Bedarf, auch strukturelle Informationen zur Aufgabenlösung zu verwenden.

Vor einer befriedigenden automatischen Lösung dieser Planungsaufgaben durch Rechnersysteme erscheint es deshalb notwendig, in der Informationsverarbeitung bahnbrechende Neuerungen zu erzielen. Komplexe Strukturen, wie sie z.B. bei Abhängigen zwischen unterschiedlichen Bestandteilen eines Objekts oder bei räumlichen Beziehungen zwischen verschiedenen Formelementen auftreten können, müssen in verarbeitbarer Form auf den Rechner abgebildet werden können. Erst dann kann für viele Problemstellungen der eigentliche Charakter der Aufgabe erfaßt, mit anderen Aufgabenstellungen verglichen oder direkt verarbeitet werden.

10 Literaturverzeichnis

BAKER U.A., 1991
> Baker, W.: Similarity Methods in Engineering Dynamic. Amsterdam: Elsevier 1991

BALZERT 1993
> Balzert, H.: CASE. 5. Aufl. Mannheim: Wissenschaftsverlag 1993

BEITZ & KÜTTNER
> Beitz, W.; Küttner, K.-H.: Dubbel. 16. Aufl. Berlin: Springer 1987

BERNHARDT 1981
> Bernhardt, R.: Systematisierung des Konstruktionsprozesses. Düsseldorf: VDI-Verlag 1981

BEUTLER 1990
> Beutler, K.: Untersuchung von quantitativen Ähnlichkeitsmaßen bei der Suche nach wiederverwendbaren Ergebnissen aus Automatisierungsprojekten. Dissertation der Fakultät Elektrotechnik der Universität Stuttgart 1990

BOCK 1974
> Bock, H.: Automatische Klassifzierung, Göttingen: Vandenhoeck & Rupprecht 1974

BRUNKHORST 1995
> Brunkhorst, U.: Integrierte Angebots- und Auftragsplanung im Werkzeug- und Formenbau. Düsseldorf: VDI-Verlag 1995. (Fortschritts-Berichte VDI Reihe 2 Nr. 366) (S. 69-71)

CLARK & FUJIMOTO 1991
> Clark, K.; Fujimoto, T.: Product Development Performance. Boston: Havard Business School Press 1991

DANGERFIELD & MORRIS 1991
> Dangerfield, B-J; Morris, J-S. Vergleichs-Datenbanksysteme: ein neues Instrument für das Verschlüsseln und die Klassifikation. Logistics Information Management 4 (1991) 3, S. 4-9

DIN-1463
> DIN-1463: Richtlinien für die Erstellung und Weiterentwicklung von Thesauri, Berlin: Beuth 1979

DIN-4000
> DIN-4000: Sachmerkmal-Leisten, Begriffe und Grundsätze. Berlin: Beuth 1981

DIN-6763

DIN-6763: Nummerung, Berlin: Beuth 1972

EHRLENSPIEL1995

Ehrlenspiel, K: Integrierte Produktentwicklung. München: Hanser 1995

EHRLENSPIEL U. A. 1988A

Ehlenspiel, K.; u. a.: Konstruktionslehre I; Studiendruck der Fachschaft
Maschinenbau e.V. (TU-München) 1988

EHRLENSPIEL U. A. 1988B

Ehlenspiel, K.; u. a.: Konstruktionslehre II; Studiendruck der Fachschaft
Maschinenbau e.V. (TU-München) 1988

EHRLENSPIEL & MUELLER 1990

Ehrlenspiel, K.; Müller, R.: Datenbankgestuetzte
Konstruktionsdatenverwaltung und Wiederholteilsuche. VDI-Berichte
(1990) 861.2, S. 131-146

EIGNER U. A. 1993

Eigner, M u. a.: Sachmerkmalleisten - wo liegt der Nutzen?. Die
Arbeitsvorbereitung 30 (1993) 1, S. 39-42

ELMARAGHY 1993

ElMaraghy, H.: Evolution and Future Perspectives of CAPP. In Annals
of CIRP 42/2/1993, S.739-751

EVERSHEIM U. A. 1989

Eversheim, W. u. a.: CAD/CAM Einführung. Köln: Verlag TÜV
Rheinland 1989

EVERSHEIM U. A. 1993

Eversheim , W; u. a.: Austausch und Nutzung von Werkzeugdaten. VDI-
Z Special 135 (1993) V, S. 30, 33-36

FREIST & GRANOW 1982A

Freist, C.; Granow, R.: Ähnlichteilsuche mit der Clusteranalyse. Teil 1:
Grundlagen. VDI-Z 124 (1982) 11, S. 413-421

FREIST & GRANOW 1982B

Freist, C.; Granow, R.: Ähnlichteilsuche mit der Clusteranalyse. Teil 2:
Das System Classic. VDI-Z 124 (1982) 11, S. 487-495

FREIST 1985

Freist, C.: Einsatzmöglichkeiten statistischer Verfahren in CAD/CAM-
Systemen. Düsseldorf: VDI-Verlag 1985 (Fortschritts-Berichte VDI
Reihe 2 Fertigungstechnik Nr. 92)

FRANKE 1990

Franke, V. u. a.: Automatische Wiederholteilsuche mit

Sachmerkmalleisten und Fourier-Transformation. Die Arbeitsvorbereitung 28 (1991) 6, S. 226-228

FRIEDERICH 1990

Friederich, O.: Werkstückspektren. Nutzung von Arbeitsplandaten für die Fertigung von Werkstückspektren. 1990. (Report: Forschungshefte Forschungskuratorium Maschinenbau e. V. 150, S. 1-64)

GEIGER 1993

Geiger-M.: Analyse und Klassifizierung von Blechteilen. Technica 42 (1993) 20, S. 10-16

GIGER 1988

Giger, H.: Konzept basiertes Recherchieren. Zürich: Dissertation Eidgenössische Technische Hochschule 1988

GÖTTKER 1990

Göttker, A.: Untersuchung rechnergestützter Verfahren zur Teilefamilienbildung. Köln: Verlag TüV Rheinland 1990 (Technische Betriebsfuehrung)

GRABOWSKI 1983

Grabowski, H.: Nutzung von Normteilen in CAD-Systemen durch rechnerflexible Normteildateien. DIN-Mitteilungen 62 (1983) 8, S. 449 - 453

GRABOWSKI 1984

Grabowski, H.; Heidrich, R.: CAD-Normteildatenbank - Stand der technischen Möglichkeiten. DIN-Mitteilungen 63 (1984) 9, S. 477-480

GRABOWSKI & VOGEL 1992

Grabowski, H.; Vogel, H.: Klassifizieren, Suchen und Ordnen von geometrischen Informationen durch automatische Verschlüsselung. Konstruktion 44 (1992) 9, S. 286-290

GRANOW 1984

Granow, R.: Strukturanalyse von Werkstückspektren. Düsseldorf: VDI-Verlag 1984 (Fortschritts-Berichte VDI Reihe 2 Fertigungstechnik Nr.74)

GRESKA 1994

Greska, W.; u. a.: Entwurf eines erweiterten CAD/CAP-Datenmodells. Blech, Rohre, Profile 41 (1994) 2, S. 95-99

HAHN 1970

Hahn, R.; u. a.: Die Teileklassifikation. Heidelberg: Gehlsen 1970

HAUPT 1990

Haupt, F.: Rechnergestützte Teileverwaltung ermöglicht Standardisierung. ZWF/CIM 85 (1990) 12, S. CA276-CA278, CA280

HEBBELER 1989
> Hebbeler, M-B: Standardisierung von Ablauf- und Zeitplanung. Koeln: Verlag TUeV Rheinland 1989 (Technische Betriebsfuehrung)

HEIDRICH 1990
> Heidrich, R.: Ein Beitrag zur Konzeption und Anwendung parametrisierter, integrierter Produktmodelle in CAD-Systemen. Düsseldorf: VDI-Verlag 1990 (Fortschritt-Berichte VDI 20: Rechnerunterstützte Verfahren 27)

HELLER& KIEWERT 1982
> Heller, W., Kiewert, A.: Normung und kostengünstiges Konstruieren. DIN-Mitteilungen 61 (1982) 11, S.663-668

HERRMANN 1992
> Herrmann, B.: Aufbau eines betrieblichen Teile-Informationssystems dargestellt am Beispiel eines Dichtungsherstellers. Hamburg: Deutsche Dissertation 1992

HESSELMANN 1988
> Hesselmann, U.: Werkstückanalyse auf der Basis multivariater statistischer Verfahren. Düsseldorf: VDI-Verlag 1988 (Fortschritts-Berichte VDI Reihe 2 Fertigungstechnik Nr. 157)

HOUGHTON & CONVEY 1984
> Houghton, B.; Convey, J.: Online information retrival systems. London: Clive Bingley 1984

KÄLBERER 1980
> Kälberer, G.: Automatische Werkstückklassifizierung mit der Clusteranalyse. Werkstatt und Betrieb 113 (1980) 5, S. 327-330

KOEPFER 1991
> Koepfer, T.: 3D-graphisch-interaktive Arbeitsplanung - ein Ansatz zur Aufhebung der Arbeitsteilung. Berlin: Springer 1991

LAUTERBACH 1976
> Lauterbach, H.: Sachmerkmale-Datei. DIN-Mitteilungen 55 (1976) 5, S. 363-367

LAMEI-MOUSTAFA 1989
> Lamei-Moustafa, H.: Weitervararbeitung von Konstruktions- zu Fertigungsdaten. Heidelberg: Hüthig 1989

MEERKAMM 1995
> Meerkamm, H.: Integrierte Produktentwicklung im Spannungsfeld im Spannungsfeld von Kosten, Zeit und Qualitätsmanagement. In: VDI-Jahrbuch '95, Entwicklung - Konstruktion - Vertrieb. Düsseldorf: VDI-Verlag 1995

MILBERG & KOEPFER 1992
>   Milberg, J.; Koepfer, T.: Aufgaben- und Rechnerintegration - ein Gegensatz zur Schlanken Produktion?. In: Aufgaben- und Rechnerintegration - ein Gegensatz zur Schlanken Produktion?. Düsseldorf: VDI-Verlag 1992. (VDI Berichte 990)

MITROFANOW 1960
>   Mitrofanow, S.: Wissenschaftliche Grundlagen der Gruppentechnologie. Berlin: VEB Verlag Technik 1960

MÜLLER 1990
>   Müller, R.: Datenbankgestützte Teileverwaltung und Wiederholteilsuche. München: Carl Hanser 1990.

MÜLLER 1994
>   Müller, R.; Pickel, H.: Ein neues Verfahren zur Klassifizierung von Teilen. CIM-Management 10 (1994), S. 10-16

NEDEß & HERRMANN 1990
>   Nedeß, C.; Herrmann, B: Entwicklung eines expertensystemgestützten merkmalbasierten Suchverfahrens am Beispile der Dichtungsauswahl. In: Zahn, E.: Organisationsstrategie und Produktion. München: Ges. f. Management u. Technologie 1990, S. 309-347 (Forschungsbericht 2)

OPITZ 1970
>   Opitz, H.: Moderne Produktionstechnik - Stand und Tendenzen. Essen: Giradet 1970

PAHL 1982
>   Pahl, G. u. a.: Ein "Inteligentes Dateisystem" zur Verarbeitung von Norm- und Wiederholteilen. DIN-Mitteilungen 61 (1982) 7, S. 377-383

PAHL & BEITZ 1986
>   Pahl, G.; Beitz, W.: Konstruktionslehre. 2. Auflage. Berlin: Springer 1986

PANYR 1986
>   Panyr, J.: Automatische Klassifikation und Information Retrival. Tübingen: Max Niemeyer 1986 (Sprache und Information 12)

PAWLOWSKI 1991
>   Pawlowski, J.: Veränderliche Stoffgrößen in der Ähnlichkeitstheorie. Frankfurt a. M.: Salle 1991

PFLICHT 1988
>   Pflicht, W.: Wirtschaftlichkeit des Variablen Informations- und Dokumentationssystems (VIDOS) auf der Basis von DIN-Normen. DIN-Mitteilungen 67 (1988) 5, S. 257-264

PLATZ 1990

Platz, U.: Wiederholteilnutzung in integrierten Konstruktionssystemen am Beispiel Werkzeugbau. Dissertation RWTH Aachen 1990

POLLAK 1968

Pollak, W.: Alle Möglichkeiten der Wiederholung nutzen. Berlin: Beuth 1968. (Arbeitsstudium Industrial Engineering 10)

REINER & PEIKER 1991

Reiner, W; Peiker, S.: Integrierte Teileverwaltung in der Betriebsmittelkonstruktion. ZWF/CIM 86 (1991) 10, S. 174-178

SAP 1993

N.N.: SAP - System RM-PPS, Produktionsplanung und Steuerung. Bedienungshandbuch für SAP R/2 1993

SCHADE 1992

Schade, K.-G.: Wege zum wirtschaftlichen Einsatz von technischen Informationssystemen. ZWF/CIM 87 (1992) 5, S. 282-286

SCHÄFER H. 1990

Schäfer, H.: CAD/CAM Planung langfristiger Gesamtkonzeptionen. Düsseldorf: VDI-Verlag 1990

SCHEER 1990

Scheer, A.-W.: CIM-Strategie als Teil der Unternehmensstrategie. Berlin: Springer 1990

SCHUH 1988

Schuh, G.: Gestaltung und Bewertung von Produktvarianten. Aachen: Dissertation der RWTH Aachen 1988.

SCHUNKE 1990

Schunke, A.: Ähnlichteilsuche für die rechnerunterstützte Konstruktion. Düsseldorf: VDI-Verlag 1990 (Fortschritts-Berichte VDI 20 Rechnerunterstützte Verfahren 22)

SEDOV 1993

Sedov, L.: Similarity and Dimensional Methods in Mechanics. Boca Raton: CRC Press, 1993

SPÄTH 1977

Säth, H.: Cluster-Analyse-Algorithmen. München: Oldenburg 1977

SPRUNG 1993

Sprung, M.: Sachmerkmalleisten fuer Zerspanwerkzeuge - Grundlage fuer einen elektronischen Datenaustausch. VDI-Z 135 (1993) 5, S. 47-50

STEINACKER 1975

Steinacker, I.: Dokumentationssysteme - Dialogfunktion und Systementwurf; Berlin: de Gruyter 1975

STROHMAYR 1991
Strohmayr, R.: Integration von CAD, Datenbank und Expertensystem zum Loesen von Aufgaben der Betriebsmittelkonstruktion, CIM Management 7 (1991) 5, S. 70-73

TÖNSHOFF 1981
Tönshoff, H. u. a.: Datenerfassung für die Ähnlichplanung - Vergleich von Klassifizierung und Werkstückbeschreibung. ZwF 76 (1981) 7, S. 321-326

TÖNSHOFF U.A. 1984
Tönshoff, H.; u. a.: Verfahren zur Werkstückanalyse großer Datenmengen. ZwF 79 (1984) 12, S. 598-603

TÖNSHOFF U. A. 1987
Tönshoff, H.; u. a.: Fertigungs- und normgerechte Konstruktion und Ähnlichteilsuche mit elementorientierter CAD-Benutzerschale. VDI-Z 129 (1987) 5, S. 52-57

TUFFENTSAMMER 1983
Tuffentsammer, K.: Gruppentechnologie unter dem Aspekt zunehmender NC-Bearbeitung. wt 73 (1983)

VOGEL 1975
Vogel, F.: Probleme und Verfahren der automatischen Klassifikation. Göttingen: Vandenhoeck & Rupprecht, 1975

VRDOLJAK-SALAMON 1983
Vrdoljak-Salamon, B.: Klassifizieren und Suchen in großen Datenbeständen (Information Retrival) mit Hilfe von BK-Cluster-Methoden. Dissertation Ruhr-Universität Bochum 1993

WARNECKE 1980
Warnecke, H.; u. a.: Gruppentechnologie - Einsatzbreite, Verfahren und betriebsorganisatorische Anpassung. FB/IE 29 (1980) 1, S. 5-12

WESSEL 1990
Wessels, M.: Kognitive Psychologie. München: Ernst Reinhardt 1990

WEULE & MÖCKESCH 1986
Weule, H.; Möckesch, G.: Ähnlichplanung auf der Basis von NC-Steuerinformationen. wt 76 (1986), S. 93-96

WIEHNDAHL 1978
Wiehndahl, H.-P.: Funktionale Standardisierung - ein Konzept zum Rationalisieren in der Maschinenbau-Einzelfertigung. Konstruktion 30 (1978) 6, S. 221-227

iwb Forschungsberichte

Berichte aus dem Institut für Werkzeugmaschinen und Betriebswissenschaften der Technischen Universität München

Herausgeber: Prof. Dr.-Ing. J. Milberg und Prof. Dr.-Ing. G. Reinhart

---

1 **Streifinger, E.**
Beitrag zur Sicherung der Zuverlässigkeit und Verfügbarkeit
moderner Fertigungsmittel
1986. 72 Abb. 167 Seiten, ISBN 3-540-16391-3   68,- DM

2 **Fuchsberger, A.**
Untersuchung der spanenden Bearbeitung von Knochen
1986. 90 Abb. 175 Seiten, ISBN 3-540-16392-1   68,- DM

3 **Maier, C.**
Montageautomatisierung am Beispiel des Schraubens mit
Industrierobotern
1986. 77 Abb. 144 Seiten, ISBN 3-540-16393-X   68,- DM

4 **Summer, H.**
Modell zur Berechnung verzweigter Antriebsstrukturen
1986. 74 Abb. 197 Seiten, ISBN 3-540-16394-8   68,- DM

5 **Simon, W.**
Elektrische Vorschubantriebe an NC-Systemen
1986. 141 Abb. 198 Seiten, ISBN 3-540-16693-9   68,- DM

6 **Büchs, S.**
Analytische Untersuchungen zur Technologie der Kugelbearbeitung
1986. 74 Abb. 173 Seiten, ISBN 3-540-16694-7   68,- DM

7 **Hunzinger, I.**
Schneiderodierte Oberflächen
1986. 79 Abb. 162 Seiten, ISBN 3-540-16695-5   68,- DM

8 **Pilland, U.**
Echtzeit-Kollisionsschutz an NC-Drehmaschinen
1986. 54 Abb. 127 Seiten, ISBN 3-540-17274-2   68,- DM

9 **Barthelmeß, P.**
Montagegerechtes Konstruieren durch die Integration
von Produkt- und Montageprozeßgestaltung
1987. 70 Abb. 144 Seiten, ISBN 3-540-18120-2   68,- DM

10 **Reithofer, N.**
Nutzungssicherung von flexibel automatisierten Produktionsanlagen
1987. 84 Abb. 176 Seiten, ISBN 3-540-18440-6   68,- DM

11 **Diess, H.**
Rechnerunterstützte Entwicklung flexibel automatisierter
Montageprozesse
1988. 56 Abb. 144 Seiten, ISBN 3-540-18799-5   73,- DM

12 **Reinhart, G.**
Flexible Automatisierung der Konstruktion
und Fertigung elektrischer Leitungssätze
1988, 112 Abb. 197 Seiten, ISBN 3-540-19003-1   73,- DM

13 **Bürstner, H.**
Investitionsentscheidung in der rechnerintegrierten Produktion
1988, 77Abb. 190 Seiten, ISBN 3-540-19099-6   73,- DM

14 **Groha, A.**
Universelles Zellenrechnerkonzept für flexible Fertigungssysteme
1988, 74 Abb. 153 Seiten, ISBN 3-540-19182-8   73,- DM

15 **Riese, K.**
Klipsmontage mit Industrierobotern
1988, 92 Abb. 150 Seiten, ISBN 3-540-19183-6   73,- DM

16 **Lutz, P.**
Leitsysteme für rechnerintegrierte Auftragsabwicklung
1988, 44 Abb. 144 Seiten, ISBN 3-540-19260-3   73,- DM

17 **Klippel, C.**
Mobiler Roboter im Materialfluß eines flexiblen Fertigungssystems
1988, 86 Abb. 164 Seiten, ISBN 3-540-50468-0   73,- DM

18 **Rascher, R.**
Experimentelle Untersuchungen zur Technologie der Kugelherstellung
1989, 110 Abb. 200 Seiten, ISBN 3-540-51301-9   73,- DM

19 **Heusler, H.-J.**
Rechnerunterstützte Planung flexibler Montagesysteme
1989, 43 Abb. 154 Seiten, ISBN 3-540-51723-5   73,- DM

20 **Kirchknopf, P.**
Ermittlung modaler Parameter aus Übertragungsfrequenzgängen
1989, 57 Abb. 157 Seiten, ISBN 3-540-51724   73,- DM

21 **Sauerer, Ch.**
Beitrag für ein Zerspanprozeßmodell Metallbandsägen
1990, 89 Abb. 166 Seiten, ISBN 3-540-51868-1   78,- DM

22 **Karstedt, K.**
Positionsbestimmung von Objekten in der Montage-
und Fertigungsautomatisierung
1990, 92 Abb. 157 Seiten, ISBN 3-540-51879-7   78,- DM

23 **Peiker, St.**
Entwicklung eines integrierten NC-Planungssystems
1990, 66 Abb. 180 Seiten, ISBN 3-540-51880-0   78,- DM

24 **Schugmann, R.**
Nachgiebige Werkzeugaufhängungen für die automatische Montage
1990. 71 Abb. 155 Seiren, ISBN 3-540-52138-0   78,- DM

25 **Wrba, P**
Simulation als Werkzeug in der Handhabungstechnik
1990, 125 Abb., 178 Seiten, ISBN 3-540-52231-X   78,- DM

26 **Eibelshäuser, P.**
Rechnerunterstützte experimentelle Modalanalyse
mitells gestufter Sinusanregung
1990, 79 Abb., 156 Seiten, ISBN 3-540-52451-7   78,- DM

27 **Prasch, J.**
Computerunterstützte Planung von chirurgischen Eingriffen
in der Orthopädie
1990, 113 Abb., 164 Seiten, ISBN 3-540-52543-2   78,- DM

28 **Teich, K.**
Prozeßkommunikation und Rechnerverbund in der Produktion
1990, 52 Abb., 158 Seiten, ISBN 3-540-52764-8   78,- DM

29 **Pfrang, W.**
Rechnergestützte und graphische Planung manueller
und teilautomatisierter Arbeitsplätze
1990, 59 Abb., 153 Seiten, ISBN 3-540-52829-6   78,- DM

30 **Tauber, A.**
Modellbildung kinematischer Stukturen
als Komponente der Montageplanung
1990, 93 Abb., 190 Seiten, ISBN 3-540-52911-X   78,- DM

31 **Jäger, A.**
Systematische Planung komplexer Produktionssysteme
1991, 75 Abb., 148 Seiten, ISBN 3-540-53021-5   78,- DM

32 **Hartberger, H.**
Wissensbasierte Simulation komplexer Produktionssysteme
1991, 58 Abb., 154 Seiten, ISBN 3-540-53326-5   78,- DM

33 **Tuczek H.**
Inspektion von Karosseriepreßteilen auf Risse und Einschnürungen
mittels Methoden der Bildverarbeitung
1992, 125 Abb., 179 Seiten, ISBN 3-540-53965-4   88,- DM

34 **Fischbacher, J.**
Planungsstrategien zur strömungstechnischen Optimierung
von Reinraum–Fertigungsgeräten
1991, 60 Abb., 166 Seiten, ISBN 3-540-54027-X   78,- DM

35 **Moser, O.**
3D-Echtzeitkollisionsschutz für Drehmaschinen
1991, 66 Abb., 177 Seiten, ISBN 3-540-54076-8   78,- DM

36 **Naber, H.**
Aufbau und Einsatz eines mobilen Roboters mit
unabhängiger Lokomotions- und Manipulationskomponente
1991, 85 Abb., 139 Seiten, ISBN 3-540-54216-7   78,- DM

37 **Kupec, Th.**
Wissensbasiertes Leitsystem zur Steuerung flexibler Fertigungsanlagen
1991, 68 Abb., 150 Seiten, ISBN 3-540-54260-4   78,- DM

38 **Maulhardt, U.**
Dynamisches Verhalten von Kreissägen
1991, 109 Abb., 159 Seiten, ISBN 3-540-54365-1   78,– DM

39 **Götz, R.**
Stukturierte Planung flexibel automatisierter Montagesysteme
für flächige Bauteile
1991, 86 Abb., 201 Seiten, ISBN 3-540-54401-1   78,– DM

40 **Koepfer, Th.**
3D- grafisch-interaktive Arbeitsplanung – ein Ansatz
zur Aufhebung der Arbeitsteilung
1991, 74 Abb., 126 Seiten, ISBN 3-540-54436-4   78,– DM

41 **Schmidt, M.**
Konzeption und Einsatzplanung flexibel automatisierter
Montagesysteme
1992, 108 Abb., 168 Seiten, ISBN 3-540-55025-9   88,– DM

42 **Burger, C.**
Produktionsregelung mit entscheidungsunterstützenden
Informationssystemen
1992, 94 Abb., 186 Seiten, ISBN 5-540- 55187-5   88,– DM

43 **Hoßmann, J.**
Methodik zur Planung der automatischen Montage von nicht
formstabilen Bauteilen
1992, 73 Abb., 168 Seiten, ISBN 3-540-5520-0   88,– DM

44 **Petry, M.**
Systematik zur Entwicklung eines modularen Programm-
baukastens für robotergeführte Klebeprozesse
1992, 106 Abb., 139 Seiten ISBN 3-540-55374-6   88,– DM

45 **Schönecker, W.**
Integrierte Diagnose in Produktionszellen
1992, 87 Abb., 159 Seiten, ISBN 3-540-55375-4   88,– DM

46 **Bick, W.**
Systematische Planung hybrider Montagesyste unter
Berücksichtigung der Ermittlung des optimalen Automatisierungsgrades
1992, 70 Abb., 156 Seiten ISBN 3-540-55377-0   88,– DM

47 **Gebauer, L.**
Prozeßuntersuchungen zur automatisierten Montage
von optischen Linsen
1992, 84 Abb., 150 Seiten, ISBN 3-540- 55378-9   88,– DM

48 **Schrüfer, N.**
Erstellung eines 3D–Simulationssystems zur Reduzierung
von Rüstzeiten bei der NC–Bearbeitung
1992, 103 Abb., 161 Seiten, ISBN 3-540-55431-9   88,– DM

49 **Wisbacher, J.**
Methoden zur rationellen Automatisierung der Montage
von Schnellbefestigungselementen
1992, 77 Abb., 176 Seiten, ISBN 3-540-55512-9   88,– DM

50 **Garnich. F.**
Laserbearbeitung mit Robotern
1992, 110 Abb., 184 Seiten, ISBN 3-540- 55513-7   88,– DM

51 **Eubert, P.**
Digitale Zustandsregelung elektrischer Vorschubantriebe
1992, 89 Abb., 159 Seiten, ISBN 3-540-44441-2   88,– DM

52 **Glaas, W.**
Rechnerintegrierte Kabelsatzfertigung
1992, 67 Abb., 140 Seiten, ISBN 3-540-55749-0   88,– DM

53 **Helml, H.J.**
Ein Verfahren zur on-line Fehlererkennung und Diagnose
1992, 60 Abb., 153 Seiten, ISBN 3-540-55750-4   88,– DM

54 **Lang, Ch.**
Wissensbasierte Unterstützung der Verfügbarkeitsplanung
1992, 75 Abb., 150 Seiten, ISBN 3-540-55751-2   88,– DM

55 **Schuster, G.**
Rechnergestütztes Planungssystem für die flexibel
automatisierte Montage
1992, 67 Abb., 135 Seiten, ISBN 3-540-55830-6   88,– DM

56 **Bomm, H.**
Ein Ziel- und Kennzahlensystem zum Investitionscontrolling
komplexer Produktionssysteme
1992, 87 Abb., 195 Seiten, ISBN 3-540-55964-7   88,– DM

57 **Wendt, A.**
Qualitätssicherung in flexibel automatisierten Montagesystemen
1992, 74 Abb., 179 Seiten, ISBN 3-540-56044-0   88,– DM

58 **Hansmaier, H.**
Rechnergestütztes Verfahren zur Geräuschminderung
1993, 67 Abb., 156 Seiten, ISBN 3-540-56043-2   88,– DM

59 **Dilling, U.**
Planung von Fertigungssystemen unterstützt
durch Wirtschaftlichkeitssimulation
1993, 72 Abb., 146 Seiten, ISBN 3-540-56307-5   88,– DM

60 **Strohmayr, R.**
Rechnergestützte Auswahl und Konfiguration
von Zubringeeinrichtungen
1993, 80 Abb., 152 Seiten, ISBN 3-540-56652-X   88,– DM

61 **Glas, J.**
Standardisierter Aufbau anwendungsspezifischer
Zellenrechnersoftware
1993, 80 Abb., 145 Seiten, ISBN 3-540-56890-5   88,– DM

62 **Stetter, R.**
Rechnergestützte Simulationswerkzeuge zur
Effizienzsteigerung des Industrieroboteinsatzes
1994, 91 Abb., 146 Seiten, ISBN 3-540-568891   88,– DM

63 **Dirndorfer, A.**
Robotersysteme zur förderbandsynchronen Montage
1993, 76 Abb, 144 Seiten, ISBN 3-540-57031-4   88,– DM

64 **Wiedemann, M.**
Simulation des Schwingungsverhaltens spanender Werkzeugmaschinen
1993, 81 Abb., 137 Seiten, ISBN 3-540-57177-9   88,– DM

65 **Woenckhaus, Ch.**
Rechnergestütztes System zur automatisierten 3D-Layoutoptimierung
1994, 81 Abb., 140 Seiten, ISBN 3540-57284-8   88,– DM

66 **Kummetsteiner, G.**
3D-Bewegungssimulation als integratives Hilfsmittel zur Planung
manueller Montagesysteme
1994, 62 Abb.; 146 Seiten, ISBN 3-540-57535-9   88,– DM

67 **Kugelmann, F.**
Einsatz nachgiebiger Elemente zur wirtschaftlichen Automatisierung
von Produktionssystemen
1993, 76 Abb., 144 Seiten, ISBN 3-540-57549-9   88,– DM

68 **Schwarz, H.**
Simulationsgestützte CAD/CAM-Kopplung für die 3D-Laserbearbeitung
mit integrierter Sensorik
1994, 96 Abb., 148 Seiten, ISBN 3-540-57577-4   88,– DM

69 **Viethen, U.**
Systematik zum Prüfen in Flexiblen Fertigungssytemen
1994, 70 Abb., 142 Seiten, ISBN 3-540-57794-7   88,– DM

70 **Seehuber, M.**
Automatische Inbetriebnahme geschwindigkeitsadaptiver Zustandsregler
1994, 72 Abb., 155 Seiten, ISBN 3-540-57896-X   88,– DM

71 **Amann, W.**
Eine Simulationsumgebung für Planung und Betrieb
von Produktionssystemen
1994, 71 Abb., 129 Seiten, ISBN 3-540-57924-9   88,– DM

72 **Schöpf, M.**
Rechnergestützes Projektinformations- und Koordinationssystem
für das Fertigungsvorfeld
1997, 63 Abb., 130 Seiten, ISBN 3-540-58052-2   88,– DM

73 **Welling, A.**
Effizienter Einsatz bildgebender Sensoren zur Flexibilisierung
automatisierter Handhabungsvorgänge
1994, 66 Abb., 139 Seiten, ISBN 3-540-580-0   88,– DM

74 **Zetlmayer, H,**
Verfahren zur simulationsgestützen Produktionsregelung
in der Einzel- und Kleinserienproduktion
1994, 62 Abb., 143 Seiten, ISBN 3-540-58134-0   88,– DM

75 **Lindl, M.**
Auftragsleittechnik für Konstruktion und Arbeitsplanung
1994, 66 Abb,. 147 Seiten, ISBN 3-540-58221-5   88,– DM

76 **Zipper, B.**
Das integrierte Betriebsmittelwesen – Baustein einer flexiblen Fertigung
1994, 64 Abb., 147 Seiten, ISBN 3-540-58222-3   88,– DM

77 **Raith, P.**
Programmierung und Simulation von Zellenabläufen
in der Arbeitsvorbereitung
1995, 51 Abb., 130 Seiten, ISBN 3-540-58223-1   88,– DM

78 **Engel, A.**
Strömungstechnische Optimierung von Produktionssystemen
durch Simulation
1994, 69 Abb., 160 Seiten, ISBN 3-540-58258-4   88,– DM

79 **Zäh, M. F.**
Dynamisches Prozeßmodell Kreissägen
1995, 95 Abb., 186 Seiten, ISBN 3-540-58624-5   88,– DM

80 **Zwanzer, N.**
Technologisches Prozeßmodell für die Kugelschleifbearbeitung
1995, 65 Abb., 150 Seiten, ISBN 3-540-58634-2   88,– DM

81 **Romanow, P.**
Konstruktionsbegleitende Kalkulation von Werkzeugmaschinen
1995, 66 Abb., 151 Seiten, ISBN 3-540-58771-3   88,– DM

82 **Kahlenberg, R.**
Integrierte Qualitätssicherung in flexiblen Fertigungszellen
1995, 71 Abb., 136 Seiten, ISBN 3-540-58772-1   88,– DM

83 **Huber, A.**
Arbeitsfolgenplannung mehrstufiger Prozesse in der Hartbearbeitung
1995, 87 Abb., 152 Seiten, ISBN 3-540-58773-X   88,– DM

84 **Birkel, G.**
Aufwandsminimierter Wissenserwerb für die Diagnose
in flexiblen Produktionszellen
1995, 64 Abb., 137 Seiten, ISBN 3-540-58869-8   88,– DM

85 **Simon, D.**
Fertigungsregelung durch zielgrößenorientierte Planung und
logistisches Störungsmanagment
1995, 77 Abb., 132 Seiten, ISBN 3-540-58942-2   88,– DM

86 **Nedeljkovic–Groha, V.**
Systematische Planung anwendungsspezifischer Materialflußsteuerungen
1995, 94 Abb., 188 Seiten, ISBN 3-540-58953-8   88,– DM

87 **Rockland, M.**
Flexibilisierung der automatischen Teilebereitstellung in Montageanlagen
1995, 83 Abb., 151 Seiten, ISBN 3-540-58999-6   88,– DM

88 **Linner, St.**
Konzept einer integrierten Produktentwicklung
1995, 67 Abb., 168 Seiten, ISBN 3-540-59016-1   88,– DM

89 **Eder, Th.**
Integrierte Planung von Informationssystemen für rechnergestützte
Produktionssysteme
1995, 62 Abb., 150 Seiten, ISBN 3-540-59084-6   88,– DM

90 **Deutschle, U.**
Prozeßorientierte Organisation der Auftragsentwicklung in mittelständischen
Unternehmen
1995, 80 Abb., !88 Seiten, ISBN 3-540-59337-3   88,– DM

91 **Dieterle, A.**
Recyclingintegrierte Produktentwicklung
1995, 68 Abb., 146 Seiten, ISBN 3-540-60120-1   88,– DM

92 Hechl, Ch.
Personalorientierte Montageplanung für komplexe
und variantenreich Produkte
1995, 73 Abb., 158 Seiten, ISBN 3-540-60325-5   88,- DM

93 Albertz, F.
Dynamikgerechter Entwurf von Werkzeugmaschinen – Gestellstrukturen
1995, 83 Abb., 156 Seiten, ISBN 3-540-60606-8   88,- DM

94 Trunzer, W.
Strategien zur On-Line Bahnplanung bei Robotern mit 3D-Konturfolgesensoren
1996, 101 Abb., 164 Seiten, ISBN 3-540-60961-X   88,- DM

95 Fichtmüller, N.
Rationalisierung durch flexible, hybride Montagesysteme
1996, 83 Abb., 145 Seiten, ISBN 3-540-60960-1   88,- DM

96 Trucks, V.
Rechnergestützte Beurteilung von Getriebestrukturen in Werkzeugmaschinen
1996, 64 Abb., 141 Seiten, ISBN 3-540-60599-8   88,- DM

97 Schäffer, G.
Systematische Integration adaptiver Produktionssysteme
1996, 71 Abb., 170 Seiten, ISBN 3-540-60958-X   88,- DM

98 Koch, M. R.
Autonome Fertigungszellen – Gestaltung, Steuerung und
integrierte Störungsbehandlung
1996, 67 Abb., 138 Seiten, ISBN 3-540-61104-5   88,- DM

99 Moctezuma de la Barrera, J. L.
Ein durchgängiges System zur computer- und roboterunterstützten Chirurgie
1996, 99Abb., 175 Seiten, ISBN 3-540-61145-2   88,- DM

100 Geuer, A.
Einsatzpotential des Rapid Prototyping in der Produktentwicklung
1996, 84 Abb., 154 Seiten, ISBN 3-540-61495-8   88,- DM

101 Ebner, C
Ganzheitliches Verfügbarkeits- und Qualitätsmanagement unter
Verwendung von Felddaten
1996, 67 Abb., 132 Seiten, ISBN 3-540-61678-0   88,- DM

102 Pischeltsrieder, K.
Steuerung autonomer mobiler Roboter in der Produktion
1996, 74 A., 171 Seiten, ISBN 3-540-61714-0   88,- DM

103 Köhler, R.
Disposition und Materialbereitstellung bei komplexen
variantenreichen Kleinserienprodukten
1997, 62 Abb., 177 Seiten, ISBN 3-540-62024-9   88,- DM

104 Feldmann. Ch.
Eine Methode für die integrierte rechnergestützte Montageplanung
1997, 71 Abb., 163 Seiten, ISBN 3-540-62059-1   88,- DM

105 Lehmann, H.
Integrierte Materialfluß- und Layoutplanung durch Kopplung
von CAD- und Ablaufsimulationssystem
1997, 96 Abb., 191 Seiten, ISBN 3-540-62202-0   88,– DM

106 Wagner, M.
Steuerungsintegrierte Fehlerbehandlung für maschinennahe Abläufe
1997, 94 Abb., 164 Seiten, ISBN 3-540-62656-5   88,– DM

107 Lorenzen, J.
Simulationsgestützte Kostenanalyse in produktorientierten
Fertigungsstrukturen
1997, 63 Abb., 129 Seiten, ISBN 3-540-62794-4   88,– DM

108 Krönert, U.
Systematik für die rechnergestützte Ähnlichteilsuche und Standardisierung
1997, 53 Abb., 127 Seiten, ISBN 3-540-63338-3   88,– DM

Die Bände sind im Erscheinungsjahr und in den folgenden drei Kalenderjahren
zu beziehen durch den örtlichen Buchhandel
oder durch Lange & Springer, Otto-Suhr-Allee 26-28, 10585 Berlin

Made in the USA
Monee, IL
07 July 2026

56549928R00085